渔业标准化养殖技术丛书

淡水鱼类养殖技术

◎浙江省水产技术推广总站 组编

浙江科学技术出版社

图书在版编目(CIP)数据

淡水鱼类养殖技术/浙江省水产技术推广总站组编.—杭州:浙江科学技术出版社,2014.2
(渔业标准化养殖技术丛书)
ISBN 978-7-5341-5582-6

Ⅰ.①淡… Ⅱ.①浙… Ⅲ.①淡水鱼类—鱼类养殖 Ⅳ.①S965.1

中国版本图书馆CIP数据核字(2013)第147921号

丛书名	渔业标准化养殖技术丛书
书名	淡水鱼类养殖技术
组编	浙江省水产技术推广总站
主编	陆立刚
出版发行	浙江科学技术出版社 杭州市体育场路347号 邮政编码:310006 办公室电话:0571-85176593 销售部电话:0571-85176040 网址:www.zkpress.com E-mail:zkpress@zkpress.com
排版	杭州大漠照排印刷有限公司
印刷	杭州印校印务有限公司

开本	880×1230 1/32	印张	5.625
字数	138 800		
版次	2014年2月第1版		2014年2月第1次印刷
书号	ISBN 978-7-5341-5582-6	定价	12.00元

责任编辑 施超雄　　**责任校对** 胡 水

封面设计 金 晖　　**责任印务** 徐忠雷

《渔业标准化养殖技术丛书》编委会

《淡水鱼类养殖技术》编写人员

主　　编　陆立刚
副 主 编　周志金　沈志刚
编写人员（以姓氏笔画为序）
　　王朝林　李　明　高远明　高培国

序

浙江省是我国渔业大省，不仅海洋捕捞量占全国首位，还素有“鱼米之乡”的美称，是我国水产养殖的主要产区。近年来，随着全省百万亩标准鱼塘改造建设、现代渔业园区建设等工程的全面推进实施，全省水产养殖产业的基础设备大为改善，品种结构不断优化，综合生产能力和产品市场竞争力不断提升，水产养殖得到了迅猛发展。至2012年，全省水产养殖规模达到454万亩、产量达184.5万吨、产值达349.2亿元，并形成了中华鳖、南美白对虾、海水蟹类、滩涂贝类、淡水珍珠等五大类8个品种的特色主导产业。浙江的水产养殖产业，已逐步向符合资源禀赋特点、精品特色明显的产业化方向迈进，成为浙江省农业增效、农民致富的重要产业。

党的十八大明确提出，要加快发展农业现代化，促进工业化、信息化、城镇化、农业现代化“四化”同步发展。浙江省委省政府提出“干好一三五、实现四翻番”总体要求，通过推进农业规模化、标准化、生态化，构建现代农业产业体系，打造高效生态农业强省、特色精品农业大省，到2020年率先基本实现农业现代化。而农业标准化是现代农业的重要标志，没有农业标准化就没有农业现代化。因此，我们要围绕渔业现代化建设目标，紧紧依靠科技进步，大力推进渔业标准化生产管理和先进实用技术的推广应用，发展高产、优质、高效、生态、安全渔业，以促进渔业发展方式转变，提升渔业产业发展层次，确保渔民持续增收和产业持续健康发展。

浙江省水产技术推广总站组织编写的这一套《渔业标准化养殖技术丛书》，内容涵盖了中华鳖、南美白对虾、海水蟹类、淡水虾蟹类、鱼类、贝藻类、稻田综合种养等浙江省重点培育的水产养殖主导产业和特色产业，并将近几年全省联合推广行动中形成的养殖新品种、新模式、新技术、新机具、新型管理方式等方面的最新成果和丰富经验，寓于养殖生产的各个环节，突出技术的先进实用和集成配套，努力使生产管理规程化、技术应用模式化。该丛书图文并茂，内容通俗易懂，能够看得懂、学得会、用得上，可以作为广大养殖生产者、基层技术人员的培训教材和参考用书。相信这套丛书的出版，对促进浙江省渔业标准化生产、现代渔业园区建设和水产养殖产业转型发展起到积极的推动作用。

浙江省海洋与渔业局局长 [签名]

2013 年 5 月

前言

淡水鱼类是浙江省淡水湖区域的主要养殖对象，养殖历史悠久，养殖地区主要集中在杭嘉湖绍等地区。20世纪80年代前养殖以“四大家鱼”为主的常规鱼类，主要品种有青鱼、草鱼、鲢鱼、鳙鱼、鲤鱼、鲫鱼、鳊鱼等7种常规鱼类，养殖方式主要有池塘精养、湖泊水库等外荡水体养殖和围网、网箱养殖三种主要方式。20世纪90年代中期，浙江省先后引进了加州鲈鱼、西伯利亚鲟鱼、蓝鳃太阳鱼等外来淡水养殖品种，同时还开展了本省淡水土著品种的人工繁育和养殖研究，先后突破了鳜鱼、太湖白鱼、黄颡鱼、乌鳢、瓯江彩鲤等特种水产养殖品种的苗种繁育与养殖技术难关。尤其是进入21世纪以来，随着浙江省水产种子种苗工程的大力实施，浙江省淡水鱼类养殖品种不断丰富，养殖模式不断更新，并形成了鱼鳖混养、鱼虾混养等新的养殖方式，成为广大渔民增产致富的重要途径。

据统计，2011年全省主要淡水鱼类养殖品种中，鲢鱼产量129639吨，鳙鱼产量89171吨，草鱼产量85458吨，青鱼产量39877吨。名特优淡水养殖品种中加州鲈鱼产量18070吨，黄颡鱼产量15277吨。

淡水鱼类养殖具有适应性强、产量高、效益相对稳定等特点，是杭嘉湖绍淡水湖地区水产养殖户增产增收的主要渠道，同时淡水鱼类也是广大城乡居民“菜篮子”的重要品种，为广大居民提供质优价廉的蛋白质食物来源。随着人民群众生活水平的不断提高，人们对优质无公害淡水鱼类的需求量也越来越多，因此淡水鱼类养殖具有广阔的发展前景。

本书由浙江省水产技术推广总站组织本省杭、嘉、湖、绍、金华等淡水鱼类养殖地区的技术推广人员编写而成。全书主要围绕淡水鱼类的主养品种、养殖环境条件、水质调控技术、营养需求和饲料选择、人工繁殖技术、鱼苗种培育技术、成鱼养殖技术、生态防治技术等淡水鱼类养殖的八个方面，结合不同地区的养殖模式和典型，深入浅出地阐述了淡水鱼类的养殖规律、发展前景及标准化养殖技术，适合水产养殖初学者进行系统学习，具有较强的技术指导性。

由于编者水平有限，缺乏编写经验，书中存在不足之处在所难免，敬请广大读者批评指正。

编　者

2013 年 12 月

目 录

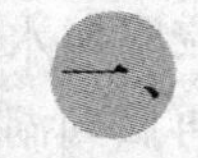

一、淡水鱼类主要养殖品种

我国淡水池塘养殖的主要对象以青鱼、草鱼、鲢鱼、鳙鱼、鲤鱼、鲫鱼、团头鲂、鲮鱼以及罗非鱼等种类为主。如2006年我国淡水鱼养殖总产量中，鲢鱼、鳙鱼(滤食性)占36%，草鱼、团头鲂(草食性)占27%，鲤鱼、鲫鱼、罗非鱼(杂食性)占33%，青鱼、鲶鱼、乌鳢(肉食性)占4%。这些鱼类是我国劳动人民经过长期养殖实践，通过与其他鱼类的比较选择出来的，具有生长快、苗种易得、食物链短、饲料来源广泛、对环境适应性强等良好的生物性能。

(一) 常规鱼类

1. 鲢鱼

鲢鱼属鲢亚科，鲢属，俗称鲢子、白鲢。体侧扁而背高，背部圆，腹部窄，腹棱完全，自胸鳍基部至生殖孔之间有刀刃状的腹棱。头大，一般占体长的1/4，口斜而大、端位，下颌稍向上翘，吻钝。下咽齿单行，齿式为4/4。腮耙细密，每根腮耙与相邻腮耙之间有骨质连接物，外面覆盖着海绵状筛膜，有蜗状鳃上器，鳞片小、易脱落，侧线完整。胸鳍较长，一直延伸至腹鳍起点。鲢鱼生活在水体上层，性活泼，善跳跃，主食浮游植物，其饵料成分主要包括硅藻、甲藻、黄藻、金藻和部分绿藻、蓝藻，以及腐殖质、细菌团等，也能吞食商品饲料。此鱼终年摄食生长，但以夏季和秋季为生长高峰。它在肥水池塘中生长较快，在几种鱼混养的情况下，秋季水温稍下降时生长速度反而加快。在池塘养殖条件下，体长为17厘米的鱼苗，当年体重可达0.5～1千克。鲢鱼属大型鱼类，最大个体可达25千克。长江流域鲢鱼性成熟年龄一般在3～4龄，体长达70厘米、体重达5千克就可产卵，繁殖季节在4月中旬至7月，而以5～6月较为集中。卵为浮性，怀卵量为45万～100万粒。珠江流域鲢鱼性成熟年龄和体形大小都明显小些。鱼卵和刚孵化出的幼鱼顺流而下，幼鱼进入河湾、港汊或湖泊等河流附属水体中生长、肥育，成熟个体则洄游至干流河水中产卵，繁殖后再回到湖泊中肥育，冬天返回河道深处越冬。鲢鱼是我国主要养殖鱼类之一，因其特有的短食物链，在我国淡水鱼类养殖中占有特别重要的地位，不仅在淡水养殖中占有较大的比重，而在一些营养程度高的湖泊还被大量移养，专门用来消灭藻类，作为改善水质、进行生态修复的有效物种之一。

2. 鳙鱼

鳙鱼属鲢亚科，鳙属，俗称花鲢、胖头鱼、黑鲢。鳙鱼体侧扁，头极肥大。口大、端位，下颌稍向上倾斜，下咽齿单行，齿式为4/4。腮耙细密呈页状，但没有骨质桥，也没有筛膜，因此滤水过程较快，滤集浮游生物的能力较强。口咽腔上部有螺形腮上器。眼小，位置偏低。无须，下咽齿勺形，齿面平滑。鳞片小，腹部仅腹鳍至肛门具皮质腹棱。胸鳍长，末端远超过腹鳍基部。体侧上半部呈灰黑色，腹部呈灰白色，两侧杂有许多浅黄色和黑色不规则小斑点。鳙鱼喜欢生活在静水中上层，动作较迟缓，不喜跳跃。鳙鱼的食物也是水体中大量生长的浮游生物，其中以浮游动物为主食，亦食一些藻类。从食性特点可以看出，鳙鱼是一种生活在水体中上层的鱼类。在人工饲养的条件下，可大量利用粉状饼粕类商品饲料。鳙鱼性成熟年龄为4～5龄，怀卵量100万粒左右。亲鱼于5～7月在江河水温为20～27℃时，在有急流盘旋的江段进行繁殖。幼鱼到沿江的湖泊和附属水体中生长，到性成熟时返回江中繁殖，以后再回到湖泊里食物丰富的地方生长。鳙鱼冬季多栖息于河床和较深的岩坑中越冬。我国各大水系均有此鱼，但以长江中下游地区为主要产地。鳙鱼属大型鱼类，天然水体中最大个体重可达50千克以上。生长速度较快，以2龄增长最为迅速，在天然水体中3龄鳙鱼体重可达4～5千克，在池塘中养殖，3龄鳙鱼体重可达2～2.5千克。由于生长快，疾病少，易饲养，鳙鱼一向被认为是我国优良的饲养鱼类之一。近年来，随着淡水鱼类养殖对象的变化，在四大

家鱼产量中，鳙鱼产量比例明显增加。

3. **草鱼**

草鱼属雅罗鱼亚科，草鱼属，俗称鲩、油鲩、草鲩、白鲩、草鱼、草根（东北地区）、混鱼等。草鱼体形细长，呈扁圆形，腹部圆，口端位，吻宽而短钝，眼前部稍扁平，下颌较短，鳞片大。体色呈淡青绿色，背部和头部色较深，腹部呈灰白色，各鳍均呈淡灰色，没有触须，下咽齿2行，呈锯齿状，齿式为2.4－5/4－5.2。肠较长，为体长的2～4倍。草鱼是典型的草食性鱼类，仔鱼、稚鱼和早期幼鱼阶段主要摄食动物性饵料，以浮游动物、摇蚊幼虫为主，也吃部分藻类、浮萍与芜萍。随着下咽齿的发育和肠管的加长而改变食性，体长10厘米的幼鱼，即可摄食高等水生植物，如苦草、轮叶黑藻、马来眼子菜、大小茨藻、茭草，以及各种牧草、禾本科植物、蔬菜及其他植物的瓜、藤、叶等，亦食商品饲料。草鱼是大型鱼类，最大体重可达40多千克。生长迅速，1龄草鱼体重可达0.75～2千克，2龄草鱼体重可达1.5～3千克，3龄草鱼体重可达3.5～5千克，4龄草鱼体重可达7～9千克。草鱼属半洄游性鱼类，栖息于水体中下层，生活在天然水体的江河湖泊中，性情活泼，游泳迅速，常集群觅食。草鱼通常在湖泊水草丰盛的水体、浅滩摄食肥育，冬季多数在深水区越冬。草鱼性成熟年龄一般为4～5龄，天然水体内产卵雌性最小个体体重约为5千克。人工繁殖用的亲鱼个体体重一般在5千克以上，绝对怀卵量为30万～138万粒。生活在长江中的亲鱼，每年都上溯至中游江段产卵，产卵期为4～6月，盛产期为5月，产漂浮性卵，随江水漂流孵化。在池塘环境下养殖，草鱼的弱点是病害较多，特别是1龄鱼种，发病率往往可达到30%～50%。草鱼生活范围分布很广，是我国重要淡水经济鱼类之一，是天然水体鱼类资源和养殖的重要种类，也是我国传统优良养殖鱼类之一。近几十年来，日本、东南亚及东欧一些国家，都在引进养殖我国的草鱼。

4. **青鱼**

青鱼属雅罗鱼亚科，青鱼属，俗称黑鲩、乌青、青鲩、螺蛳青。青鱼是大型鱼类，体形与草鱼相似。身体背部呈青灰色或蓝黑色，体色从

背部至两侧由青灰色逐渐转淡,腹部呈淡灰色,带灰白色,各鳍均显黑色。鳞大,侧线有鳞 39～46 枚。身体较长,略呈扁圆形,头顶部宽平,腹部圆,尾部稍侧扁。口端位,呈弧形,腮耙短小,具有强壮的咽喉齿,单行,呈臼状,齿式 4/5。青鱼为近底层鱼类,多数栖息在水体中下层,一般不游至水面。其肠管直而短,食性比较单纯,以软体动物、螺、蚬为主要食物,仔鱼、稚鱼和早期幼鱼阶段则以浮游动物为主要食物,体长长到 15 厘米后,随着下咽齿的发育,开始摄食幼小的螺、蚬等。在人工饲养条件下的鱼种阶段,青鱼还喜食饼粕类和配合颗粒饲料。青鱼的生长速度位于四大家鱼之首,1 龄青鱼体重可达 0.5 千克,2 龄青鱼体重可达2.5～3 千克,3 龄青鱼在良好的环境中体重可达 6.5～7.5 千克。个体也最大,最大体重可达 70 千克,江河湖泊中常见到 15～25 千克重的青鱼个体。在天然水域中,青鱼性成熟年龄在 4～5 龄,性成熟雌鱼最小个体体长为 88 厘米,体重约 10 千克;性成熟雄鱼最小个体体长为 83 厘米,体重约 8.5 千克。池塘饲养的青鱼一般 7 龄达到性成熟。青鱼绝对怀卵量为 26 万～700 万粒。青鱼在长江中的产卵期为 5～7 月,略晚于鲢鱼和草鱼。进入产卵期时,亲鱼上溯至长江中游产卵,卵为漂浮性,随江水漂浮孵化。池塘养殖青鱼病害较多,死亡率较高,尤其是 2 龄青鱼发病率最高。原先由于天然水体中螺、蚬资源有限,养殖数量较少,一般只作为配养品种,但其肉味鲜美,是经济价值较高的优良品种之一。近年来,由于开发出青鱼喜摄食的配合饲料,嘉兴、湖州等地区专养青鱼面积也逐渐扩大。

5. 鲤鱼

鲤鱼属鲤鲫亚科,鲤属,俗称土鲤、鲤拐子、花鱼。鲤鱼是我国重要养殖鱼类。体形长,侧扁而腹部浑圆,背部在背鳍前隆起。口端位,呈马蹄形,口角有须 2 对。内侧下咽齿呈臼齿形,多位 3 行,咀嚼面有明显沟纹。背鳍和腹鳍都有 1 根锯齿状的硬刺。身体背部呈暗黑色,体侧呈暗黄色,腹部灰白色,尾鳍下叶呈金红色。体重 0.5～2.5 千克的个体最普遍,偶有体重 15～17.5 千克的个体。鲤鱼是广适性定居鱼类,适应能力极强,能在各种水域,甚至恶劣环境条件下生存。鲤鱼喜欢在大水面沿岸地带水体下层活动,尤其喜爱水草丛生和底质松软的

环境。它食性广泛，喜食螺类、河蚬、幼蚌、摇蚊幼虫及其他昆虫幼虫、水蚯蚓、虾类、小鱼等动物性食物，也摄食各种水生维管束植物、腐烂的植物碎片以及藻类。在池塘饲养的鲤鱼也喜食各种商品饲料，并常与鲫鱼一起作为配养鱼种以消除其他鱼类的残饵剩食，成为池塘中的“清洁工”。鲤鱼的性成熟年龄一般为 2 龄，在长江中下游和华南地区，1 龄也可性成熟。繁殖季节一般在 4～6 月，当水温达到 18℃以上时开始繁殖，性成熟鲤鱼在静水和流动水体中都可产卵。卵属黏性卵，产出后黏附在水草上。卵直径 1.7 毫米左右，当水温在 25℃左右时，1.5～2 天即孵出，刚孵出的鱼苗悬浮在氧气较充足的近水表面的水草上。鲤鱼生长较快，在同龄鱼中雌鱼个体较雄鱼大，以 1～2 龄生长速度为快。

我国是世界上饲养鲤鱼历史最悠久的国家，且养殖区域遍及全国。一直以来，由于长期自然选择和人工培育的结果，鲤鱼形成了许多亚种和杂交种，主要有东北地区的散鳞镜鲤，新疆的西鲤，华北地区的黄河鲤，南方地区的兴国红鲤、荷包红鲤、元江鲤等。但就体形而言，大致可分为长形鲤和团（短）形鲤两类。因此，人们利用这些具有不同特点的鲤鱼进行杂交，选育出许多优秀杂交品种，如丰鲤、荷元鲤、岳鲤、芙蓉鲤、中州鲤等，由于浙江地区鲤鱼消费量少，故养殖数量极少，目前主要是养殖观赏性锦鲤。

6. 鲫鱼

鲫鱼属鲤鲫亚科，鲫属，我国有两个种（鲫鱼和黑鲫）和一个亚种（银鲫）。鲫鱼又称野鲫、土鲫、曹鱼、刀子鱼等。鲫鱼分布广泛，除青藏高原外，几乎遍布全国各地的江河、湖泊、水库、池塘、山塘、外荡、沟渠、沼泽和水草丛生的大小水体，是我国分布最广、群体产量较高的重要经济鱼类之一。身体侧扁，略厚而高，腹部圆。头小，眼较大。吻钝，其长度小于宽度。口小、端位，无须。背鳍和臀鳍最后一根硬刺后缘具锯齿，体色背部呈灰黑色，腹部呈灰白色，各鳍呈灰色。不同水体生长的鲫鱼，由于受环境影响不同，体形和结构也有一定变异。鲫鱼为广适性底层鱼类，在深水和浅水、清水或浊水、流水或静水、大水体或小水体中均可以生活，生命力较强，对各种环境有广泛的适应能力，

甚至在低氧、碱性的不良水体中也能生长繁殖，喜栖于水草丛生的浅水河湾和湖泊沿岸地带。鲫鱼是杂食性鱼类，在天然水域中以水生维管束植物与藻类为食，也摄食相当数量的软体动物、摇蚊幼虫、水蚯蚓和虾，还可吃少量枝角类、桡足类等浮游生物。在人工饲养条件下鲫鱼食性也相当广泛，不仅喜食麸皮、豆饼、菜籽饼、米糠、配合颗粒饲料等，而且能直接利用各种家畜、家禽的粪便。1 龄鲫鱼即可达到性成熟，产卵的雌鱼最小个体为 64 毫米，体重仅 8.6 克。成鱼性别比通常雌性多于雄性。卵黏性，呈浅黄色，稍透明。鲫鱼可在静水中产卵繁殖，但喜流水刺激。成熟个体卵巢周年变化以Ⅳ期持续时间最长，由 11 月至翌年 4 月。鲫鱼繁殖季节在 4 月下旬至 7 月上旬，为分批产卵类型，即在一年的繁殖季节内可产卵数次，在长江中下游地区产卵盛期多在 5 月中下旬。鲫鱼肉味鲜嫩，营养丰富，但生长速度相对比较缓慢，因此，在传统的池塘养殖中只是作为配养对象。

黑鲫又名金鲫、欧洲鲫，主要分布在我国新疆地区北部的额尔齐斯河水系。身体侧扁，体形与鲤鱼有些相似，但个体较小，口角无须，体色呈淡金黄色。在天然环境条件下生长较慢，属于中小型经济鱼类，国内仅有新疆地区在进行少量人工饲养。

银鲫又称东北银鲫、方正银鲫、海拉尔银鲫、新疆银鲫、滇池高背鲫、淇河鲫、普安鲫等，以不同的地理分布位置而有不同的名称。银鲫的主要特点是生长快、个体大、适应性强、杂食性、容易繁殖、病害少和肉味鲜美。其体侧扁，且较高，平均体长为体高的 2.16 倍。侧线鳞为 29～33枚。背鳍第四根硬棘较粗，背鳍外缘平直。尾鳍分叉，上、下叶末端尖。体色呈银灰白色。腮耙数目为 40～55 根，短而稀疏。杂食性，在幼鱼阶段主食浮游生物、昆虫幼虫、有机碎屑和一些商品饲料，在成鱼阶段摄食有机碎屑和腐殖饵料、浮游生物以及各种商品饲料。银鲫生长迅速，个体大，在天然水体中，体重一般在 1～2 千克，最大个体约 3 千克。在长江流域人工饲养条件下，1 龄个体重 250 克左右，最大个体可达 750 克。在天然水域银鲫的性成熟年龄一般为 2～3 龄，在人工饲养条件下 1 龄银鲫即可性成熟。

银鲫产卵水温一般在 12～28℃，以 22～24℃最为适宜。产出的

黏性卵呈微黄色或淡灰绿色。雌核发育的银鲫,可以和同种雄鱼交配,也可以与异种雄鱼交配。银鲫喜欢栖息在底层的静水中,在江河、湖泊、水库、低洼沼泽、池塘等无毒水体中都能生活,也能经受严寒冰冻和酷暑炎热的气候,适应性强。此外,对低溶氧有较长时间的忍耐能力。普通鲫鱼浮头时水中的溶氧浓度为0.3毫克/升,而银鲫为0.23毫克/升。以窒息点而论,银鲫只有0.1毫克/升,从浮头比较严重至全部窒息死亡的持续时间计算,银鲫能忍耐22小时,抗不良水质的能力较普通鲫鱼强。原产于黑龙江的方正银鲫初步引入长江流域一带始于20世纪50年代,但很快中途夭折。20世纪70年代初,江苏省吴江县成功引进东北银鲫包括海拉尔银鲫,此后上海、四川、广东和湖北等省市也先后引进银鲫,从不同地理环境开创了我国池塘养殖银鲫的新篇章。从20世纪90年代起,银鲫养殖迅速崛起,养殖面积和产量猛增,目前已经成为我国大江南北许多地区池塘养殖的当家主养品种之一。浙江省目前养殖的鲫鱼主要为异育银鲫,同时金华等浙江西部地区近年来发展养殖三倍体鲫鱼。

7. 团头鲂及其他鳊鲂鱼

鳊鲂鱼类同属于鳊亚科,分鳊属和鲂属,这两类鱼体形相似,外部形态差异不大,很容易混淆。团头鲂属于鲂属,是长江中下游湖泊中的一种较大型经济鱼类。其肉味鲜美,品质优良。团头鲂体高而侧扁,体长为体高的2.2～3倍,尾柄长为高的0.8～0.9倍。口小、端位。背鳍硬刺光滑粗壮,腹鳍至肛门前有腹棱。下咽齿细长,尖端弯曲成钩状,腮耙短。鳔3室,中室最大,后室很细。腹腔膜呈黑色,背部呈青灰色,腹部呈灰白色。体侧鳞片后端中部黑色素较少,上、下部较多,因此形成很多灰色的纵条。团头鲂属生长较快的鱼类,第一、第二年生长较快,性成熟后显著减慢,最大个体体重可达4千克。1冬龄体重可达150～200克,最大个体可长至400克;2冬龄体重可达250～500克,最大个体可长至1000克;3冬龄体重可达1000～1500克,最大个体可长至2250克;4冬龄体重可达2000克,最大个体可长至3500克。团头鲂生活于湖泊敞水区有沉水植物生长的地方,常栖息于水体中下层。团头鲂是一种草食性鱼类,幼鱼主要摄食藻类、轮虫、枝

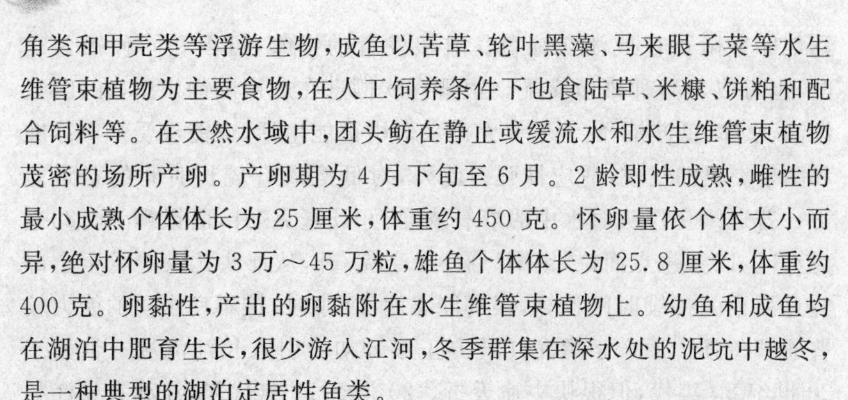

角类和甲壳类等浮游生物，成鱼以苦草、轮叶黑藻、马来眼子菜等水生维管束植物为主要食物，在人工饲养条件下也食陆草、米糠、饼粕和配合饲料等。在天然水域中，团头鲂在静止或缓流水和水生维管束植物茂密的场所产卵。产卵期为4月下旬至6月。2龄即性成熟，雌性的最小成熟个体体长为25厘米，体重约450克。怀卵量依个体大小而异，绝对怀卵量为3万～45万粒，雄鱼个体体长为25.8厘米，体重约400克。卵黏性，产出的卵黏附在水生维管束植物上。幼鱼和成鱼均在湖泊中肥育生长，很少游入江河，冬季群集在深水处的泥坑中越冬，是一种典型的湖泊定居性鱼类。

与团头鲂体形特征相仿的还有三角鲂和长春鳊两个种，在分类上习惯称为鳊鱼类，团头鲂和三角鲂在日常生活中往往混称为鳊鱼，实际上是两个不同的种。浙江省在杭州市设有钱塘江三角鲂原种场。

8. 鲮鱼

鲮鱼属鲃亚科，鲮属，俗称土鲮。分布于珠江流域和海南岛，为南方地区养殖鱼类之一。栖息于水温较高的河流内，产卵期为4～9月，冬季在河床深处越冬。鲮鱼体长、侧扁，腹部圆，背部在背鳍前方稍隆起。体长约30厘米。头短，吻圆钝，吻长略大于眼径。眼侧位，眼间距宽。口下位，较小，呈弧形，上、下颌角质化。有须2对，吻须较明显，颌须短小。唇的边缘有许多小乳头状凸起，上唇边缘呈细波形，唇后沟中断。下咽齿3行。鳞中等大，侧线鳞38～41枚。背鳍无硬刺，其起点至尾基的距离大于至吻端的距离。尾鳍分叉深。体上部呈青灰色，腹部呈银白色，体侧在胸鳍基的后上方，有8～9枚鳞片的基部具黑色斑块。幼鱼尾鳞基部有一黑色斑点。鲮鱼以藻类和有机碎屑为食，在天然水体中，最大个体可达4千克，0.1～1千克的个体最多。1龄鱼体长可达15厘米，体重70克左右；2龄鱼体重250克，体长可达25厘米左右，即为食用鱼。鲮鱼产卵时间从每年5月开始，产卵期延续至10月。成熟产卵的鱼为3龄，体重约0.5千克。产卵场在河流中上游，以广西梧州地区的西江支流红水河、柳江、黔江、桂江最多。鲮鱼对低温的耐受力很差，冬季在河流深处越冬，水温降到7℃以下时即不能存活。

鲁斯塔野鲮是我国在20世纪70年代末从泰国引进的外来品种，属鲃亚科，野鲮属。原产地为恒河流域，是南亚次大陆国家传统养殖鱼类。体形呈梭状，腹部圆。头扁平，吻钝。体色为深青绿色，背部色较深，腹部呈灰白色，鳞片大，多数鳞片有红色半月形斑，眼带红色，各鳍条呈粉红色，幼鱼尾鳍基部具一黑斑。栖息于暖水域，喜跳跃，冬季在水域深处越冬，属底栖性鱼类。食性杂，成鱼以植物为主，幼鱼以浮游生物为主。食量大，摄食力强。最适生长水温为20～30℃。因为与我国鲮鱼相比，该品种具有生长快、个体大、群体产量高、食性杂、耐低氧、耐肥水、抗病力强、繁殖力强、对低温的耐受力强等优点，而且体大肉多、外形美观、肉质细嫩、味道鲜美、肌间刺少、营养丰富，所以很快在南方地区被推广养殖。同时由于该鱼具有多次产卵、生长快的特点，因此被广泛用作养殖鳜鱼的理想活饵料鱼。

9. 罗非鱼

罗非鱼又称非洲鲫鱼，属鲈形亚目，丽鱼科，有100多种。原产于非洲，在非洲有悠久的养殖历史。据报道，远在公元前2500年埃及人已经养殖罗非鱼了。从那时起或更早些，罗非鱼就成中东和非洲地区很重要的养殖和捕捞对象，目前已成为世界性主要养殖鱼类之一。我国自20世纪40年代开始引入养殖，而大规模应用推广则是在20世纪80年代以后，如今已是我国南方各省普遍养殖的鱼类之一。罗非鱼不仅出现在寻常百姓的餐桌上，而且是我国淡水鱼类中重要的出口产品。罗非鱼是热带性鱼类，不耐低温，其生长状态与温度有密切的关系。在最适温度范围内，加强饲养管理，适量投喂和施肥，能加速其生长。不同品种的罗非鱼其适温能力有所不同，莫桑比克罗非鱼可生活在水温为18～37℃的范围内，最适生长水温为25～33℃；尼罗罗非鱼生存水温大致为12～39℃，最适生长水温为24～35℃；奥利亚罗非鱼抗寒能力较强，可耐8℃低温。不同大小的罗非鱼抗寒能力和耐高温能力也不相同，一般而言，中、小鱼强于大鱼和幼鱼。罗非鱼对环境的适应能力很强，能耐低氧，据测定，尼罗罗非鱼的溶氧窒息点是0.07～0.23毫克/升，此外个体差异、水温高低、性别不同的罗非鱼耗氧量也不尽相同。罗非鱼为广盐性鱼类，但在中等或中等以上盐度环境中

生长缓慢。其品种不同耐盐性也有差别,莫桑比克罗非鱼可在海水中生活、生长和繁殖;奥利亚罗非鱼繁殖的最高盐度为19克/升,但可以在36～45克/升甚至高达53.5克/升的盐度下驯化生长;尼罗罗非鱼的耐盐性比其他种类的罗非鱼要低,只能耐受20～30克/升。尼罗罗非鱼、莫桑比克罗非鱼、奥利亚罗非鱼均为杂食性鱼类。尼罗罗非鱼在成鱼阶段能摄食底栖生物、有机碎屑、浮游生物,其中70%是蓝藻类。在人工饲养条件下,罗非鱼的饲料非常广泛,浮萍、青菜、米糠、豆饼等都能摄食。罗非鱼的生长曲线基本上符合"S"形。幼鱼时体长增加较快,体重增加相对较慢。当体长长到一定长度以后,增长速度便开始减慢,而体重则增加得很快。性成熟并发生生殖行为后,雌鱼由于要口孵、口育而造成停食,孵卵、护幼又需消耗大量的能量,生长受到严重影响,故雄鱼的生长速度明显快于雌鱼,且随着生长延续差距越来越大。尼罗罗非鱼雄鱼全长比雌鱼长30%左右,体重可重50%～60%,所以养殖全雄罗非鱼是增产、高产的有效途径。目前我国主要养殖品种有尼罗罗非鱼、奥利亚罗非鱼、莫桑比克罗非鱼以及各种组合的杂交后代等。

(1) 尼罗罗非鱼。原产于非洲东部、约旦等地。背鳍边缘呈黑色,尾缘终生有明显黑色条纹,呈垂直状。喉、胸部呈白色,尾柄背缘有一黑斑。尾柄高大于尾柄长。尼罗罗非鱼具有生长快、食性杂、耐缺氧、个体大、产量高、肥满度高等优点,因而在我国许多地区可单养或作杂交亲鱼用。

(2) 奥利亚罗非鱼。原产于北非尼罗河下游和以色列等地。喉、胸部呈银灰色,背鳍、臀鳍具有暗黑色斜纹,尾鳍呈圆形具有银灰色斑点。奥利亚罗非鱼比尼罗罗非鱼耐寒、耐盐、耐低氧,起捕率高,特别是它们的性染色体为ZW型,与尼罗罗非鱼杂交后可产生全雄罗非鱼,故常用作与尼罗罗非鱼杂交的父本。

(3) 莫桑比克罗非鱼。莫桑比克罗非鱼原产于非洲莫桑比克、纳塔尔等地。它与尼罗罗非鱼的区别在于尾鳍黑色条纹不呈垂直状,头背外形成内凹状。喉、胸部呈暗褐色,背鳍边缘呈红色,腹鳍末端可达臀鳍起点。尾柄高等同尾柄长。因引进过程中忽视提纯鱼种工作,造

成品种退化，目前只能做杂交鱼的母本。

(4) 奥尼罗非鱼。奥尼罗非鱼是奥利亚罗非鱼(雄)与尼罗罗非鱼(雌)的杂交种，外形与母本相似，生长快，雄性率高达93%，具有明显的杂交优势，且起捕率高，现为罗非鱼养殖的主要品种。

(5) 吉富尼罗罗非鱼。又称新吉富罗非鱼，这是在1994年从菲律宾引进的吉富品系尼罗罗非鱼的基础上，由国际水生生物资源管理中心(ICLARM)等机构通过对4个非洲原产地直接引进的尼罗罗非鱼品系(埃及、加纳、肯尼亚、塞内加尔)和4个亚洲养殖比较广泛的尼罗罗非鱼品系(以色列、新加坡、泰国，以及中国台湾省)经混合选育获得的优良品系，从1996年起，采用中强度选择、复合性状同步选育技术，表型与遗传型同步跟踪监测，经过连续9代选育而形成的优良品种。2006年1月通过了中国农业部新品种审定，命名为“新吉富罗非鱼”。它是我国引进养殖鱼类的首例人工选育良种，具有生长快、产量高、耐低氧、遗传性状稳定等优点。同国内现有养殖的尼罗罗非鱼品系相比，该鱼生长速度快5%～30%，起捕率高，耐盐性好，单位面积产量高20%～30%，遗传性状较为稳定，但雄性率不高。目前浙江省在金华市武义县建设有一家罗非鱼鱼种场。

(二) 名优鱼类

1. 加州鲈鱼

加州鲈鱼又称大黑鲈、淡水鲈鱼、美国鲈鱼等。浙江省湖州地区是加州鲈鱼养殖的主要地区，陈邑村是当地加州鲈鱼养殖第一村。加州鲈鱼属鲈形目，太阳鱼科，黑鲈属，原产美国密西西比河水系，是一种淡水肉食性鱼类。其肉质细嫩，肌间少刺，味道鲜美，营养丰富，深受消费者欢迎。同时它具有生长快、抗病力强、易于饲养及爱上钩等特点，已成为池塘养殖的一种优质鱼种及游钓品种。

(1) 形态特征。加州鲈鱼体形呈纺锤形，体被细小栉鳞、口裂大，超过眼后缘，颌能伸缩，眼球突出。背部黑绿色，体侧青绿色，从吻端至尾鳍基部有排列成带状的黑斑。最大个体长约75厘米，最大个体重为10千克。

(2) 生活习性。加州鲈鱼喜栖息于沙质底层、不浑浊的静水环境中，生存水温 2～34℃，当水温 20～25℃时食欲最旺。喜中性水，溶氧低于 2 毫克/升时，幼鱼出现浮头。对盐度适应性较广，不但可以在淡水中生活，也可以在淡咸水或咸水中生活。

(3) 食性。加州鲈鱼为肉食性鱼类，刚孵出鱼苗的开口饵料为轮虫和无节幼体，稚鱼以食枝角类为主，幼鱼以食桡足类为主。体长 3.5 厘米的幼鱼开始摄食小鱼，在饵料缺乏时，常出现自相残食现象。水温 25℃时，幼鱼摄食量达体重的 50%，成鱼可达 20%，在人工养殖情况下，也摄食配合饲料。当年鱼苗经人工养殖可长至 0.5 千克以上。

(4) 生殖习性。加州鲈鱼产卵水温在 20～24℃。体重 1 千克的雌鱼怀卵量为 4 万～10 万粒，卵黏性，脱黏卵为沉性，卵径 1.22～1.45 毫米，1 年之内可多次产卵。在繁殖季节，雄鱼会建造或寻找产卵窝，在距水面 30～40 厘米深处筑好巢后，雄鱼分泌一些黏液，使鱼巢周围的水质特别清新，于是雌鱼在雨后阳光照射下与雄鱼一起完成排卵受精过程。

2. 鳜鱼

鳜鱼又名桂花鱼、桂鱼，是我国名贵淡水鱼之一。其肉质细嫩，味道鲜美，为宴席上珍品，在市场上十分走俏，深受养殖场的重视。

(1) 形态特征。鳜鱼体侧扁，背部隆起，头呈三角状，口大，端位，口裂倾斜。鳞小，背鳍发达，其前部有几个锋利的硬刺，臀鳍有 3 根硬刺，尾鳍呈扇圆形。体侧灰黄色，有不规则的大黑斑块，较鲜艳。

(2) 生活习性。鳜鱼喜居于水体下层，栖息于缓流而有水草丛生的水域，捕食方式是利用伪装的体色在水草中悄悄地游近被捕鱼类，突然袭击。冬季在大的江河、湖泊的深水中越冬。鳜鱼生长较快，第一年体长可达 13.5 厘米，第二年为 17.6 厘米，第三年为 23.2 厘米，第四年为 30 厘米。

(3) 生殖习性。鳜鱼 3 龄性成熟，体长为 25 厘米左右。体长 34～37 厘米的雌鱼平均怀卵量为 7 万～8 万粒，体长 41～42 厘米的雌鱼平均怀卵量为 16 万粒左右。成熟卵径 1.35 毫米，具有油球，膨胀后卵径 2 毫米左右，卵为浮性，浮于水体的中下层。5～6 月鳜鱼开始产卵

繁殖，此时雄鱼追逐雌鱼，在有流水的地方产卵。完成产卵受精后，在水温23～25℃时，50小时可自然孵化出鱼苗，刚破卵的小苗体长4.2毫米左右。浙江省养殖鳜鱼品种主要为大肥翘嘴鳜，苗种来源于广东。江山市近年来突破了斑鳜的苗种繁育难关，有望进一步扩大养殖面积。

3. 乌鳢

乌鳢又名黑鱼，是一种广温性鱼类。其肉味鲜嫩，营养丰富，有较好的药用价值。乌鳢对不良水质、水温和缺氧具有很强的适应性，作为一种名优鱼类在池塘养殖，已被人们普遍接受。

(1) 形态特征。乌鳢体黑色、圆鳞，上有许多像蝮蛇花纹的斑点，头如蛇头，头两边鳃弧上部有“鳃上器”，有呼吸空气的本能，口裂大，捕食方便。

(2) 生活习性。乌鳢属底栖鱼类，喜居水草丛生的静水或缓流水水域中，能在其他鱼类不能生活的环境中生存。水中缺氧时，乌鳢可以依靠鳃上器在空气中呼吸，即使没有水，只要能保持一定的湿度就可以存活一周以上。乌鳢跳跃能力强，成鱼能跃出水面1.5米以上，6.6～10厘米的鱼种能跃离水面0.3米以上，因此在池塘中饲养要防止逃逸。

(3) 食性。乌鳢为凶猛鱼类，纯肉食性且贪婪，在食物缺乏时有残食同类的现象。食物的组成随个体的增大而改变。30毫米以下的幼鱼以浮游甲壳类、桡足类、枝角类及水生昆虫为食。80毫米以下幼鱼以昆虫、小鱼虾类为食。成鱼阶段主要以银鲫、刺鳅、蛙类为食。成鱼生殖期停食，处于蛰居状态。

(4) 生殖习性。乌鳢生长迅速，当年孵化的幼鱼到秋季平均体长可达15厘米，体重50克左右，5龄鱼可达5千克左右。在水温20℃时，乌鳢生长最快。黑龙江乌鳢3龄性成熟，成熟亲鱼的怀卵量与亲鱼的大小有关，全长52厘米的亲鱼怀卵量3.6万粒，全长35厘米的亲鱼怀卵量为1万粒左右。产卵期为5月下旬至6月末。卵产在水草茂盛的浅水区，亲鱼能在水草中用牙齿拔草营筑环形鱼巢，产卵受精后亲鱼潜伏在鱼巢下守护。卵为浮性，卵膜薄而透明，当水温26℃

时,36 小时孵出仔鱼。刚孵出的仔鱼全长 3.8～4.3 毫米,侧卧漂浮于水面下,活动微弱,体长至 6 毫米时卵黄油球位置变换,鱼苗呈仰卧状态,9 毫米时的鱼苗开始摄食。乌鳢有护卵和护仔的习性,从卵产出时起至幼鱼体长达 10 毫米这一阶段,雌鱼潜伏其旁边守护,防止蛙、鱼类袭击其卵和幼鱼,长至 10 毫米时亲鱼停止对仔鱼的保护。由于浙江省引进和培育成功的“杜鳢号”杂交乌鳢能摄食人工配合饲料,因此乌鳢的养殖面积有望进一步增加。

4. 泥鳅

泥鳅肉质细嫩,营养丰富,是著名的滋补食品之一。民间用泥鳅治疗肝炎、小儿盗汗、皮肤瘙痒、腹水等病。泥鳅在国内外都属畅销水产品。它对环境适应能力极强,适宜在坑塘、稻田、河沟、庭院饲养。

(1) 形态特征。泥鳅体形细长,前段略呈圆筒形,体色灰黑色,腹部白色或浅黄色,体侧有许许多多小的黑色斑点。头尖,吻部向前突出,口小、下位,眼小、上侧位,须 5 对,其中吻须 1 对,上颌和下颌各 2 对。

(2) 生活习性。泥鳅多栖息于静水或缓流水的底层及有腐烂植物淤泥的表层。喜中性或酸性泥土。泥鳅属温水性鱼类,最适生长水温 24～28℃,5℃以下钻入泥土深处冬眠。泥鳅能用鳃正常呼吸,还能利用肠壁和皮肤呼吸,一旦遇到水中溶解氧量不足,就浮出水面,肠呼吸可占全部呼吸量的 1/2。

(3) 食性。泥鳅是杂食性鱼类,在自然界中生活的泥鳅可食水蚤、水蚯蚓、水草及水中泥中的微生物。在人工饲养条件下,也可摄食各种人工饲料。泥鳅在幼苗阶段主要摄食动物性饵料,成鱼则以植物饲料为主。水温对其食欲有一定影响,水温 15℃时,食欲增加;水温 24～27℃时,食欲特别旺盛;水温超过 30℃时,食欲减退。泥鳅平时夜间摄食,生殖期白天摄食。雌鳅食量大于雄鳅。随着泥鳅人工繁殖技术的突破和稻田养殖泥鳅模式的成功,浙江省泥鳅养殖业将迎来一个新的发展期。

5. 黄鳝

黄鳝属合鳃目、合鳃科。

(1) 形态特征。黄鳝体细长,前段圆,向后渐侧扁,尾尖细。头部较大,吻端尖。眼小,隐埋于皮肤之下。口大,端位,上颌稍突出,上下唇发达,下唇较厚,两颌、腭骨上有圆锥状细牙,鳃孔小,下位。体上无鳞,富有黏液。无胸鳍和腹鳍。背鳍和臀鳍退化成褶与尾鳍相连,尾鳍小。体背为黄黑色,腹部灰白色,全身有许多不规则的黑色小斑点。

(2) 生活习性。对水温的适应性强。黄鳝分布很广,在我国除了西北高原未发现其分布外,各淡水水域均有发现。属底栖性鱼类,适应能力特别强,昼伏夜出,喜栖藏于腐殖质多而偏酸性的水底泥中或堤岸的石缝中,有时选择在松软的水底打洞钻穴。生长的适宜水温为15～30℃,最适宜水温为24～28℃,水温低于10℃时进入冬眠。口腔的内壁表皮能直接从空气中吸取氧气,因此,能在溶解氧极低的水中生活,出水后只要皮肤保持湿润,较长时间内不易死亡。

(3) 食性。黄鳝是以动物性食物为主的杂食性鱼类,喜食活饵,摄食各种水、陆生昆虫及其幼虫,如摇蚊幼虫、飞蛾、蚯蚓等,也摄食大型浮游生物,如枝角类、桡足类和轮虫等,亦觅食蝌蚪、幼蛙和小鱼虾等,兼食有机碎屑与丝状藻类等。黄鳝极耐饥饿,较长时间不摄食也不易死亡。在食物缺乏、极端饥饿的情况下,有时也自相残杀,相互吞食。

(4) 生殖习性。黄鳝的生命过程中要经历由雌到雄的性逆转阶段。从胚胎发育开始到性成熟为止的这一阶段内,黄鳝的性别全为雌性个体,产卵以后雌体内的卵巢逐渐变成精巢,黄鳝就由雌鳝而变为雄鳝,以后就不再变化了。性逆转过程一般发生在3～5龄时。南方地区较早,北方地区较晚。一般来说,体长200毫米左右的成体黄鳝均为雌性,体长220毫米时开始性逆转;体长360～380毫米时,雌、雄个体数对半;体长达380毫米以上时,雄性占多数;到体长530毫米以上时,全部变为雄性。从天津地区的实地研究观察发现,3龄前全为雌性,4龄时雌、雄各半,5龄时雄性显著增加,7龄以上后,体长达680～750毫米时,全为雄性。黄鳝人工养殖技术在浙江省尚未成熟,但养殖前景广阔。

6. 黄颡鱼

黄颡鱼广泛分布于我国各大干支流及附属水体中,在江河、湖泊、

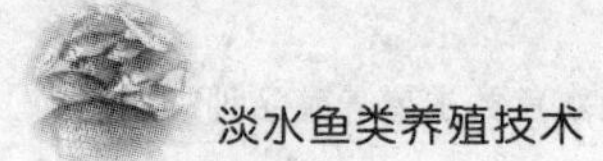

河渠和塘堰中均能栖息。其肉质细嫩，营养丰富，味道鲜美，是人们特别喜爱的优质水产品之一，无论在一般的餐馆还是高档酒店都十分抢手，市场价格虽已上升至每 500 克 15～20 元以上，但仍供不应求。因此，仅靠捕捞自然水体中的野生资源，已远远不能满足市场需求。为了解决这个问题，许多学者于 20 世纪 80 年代初即开始对黄颡鱼的人工繁殖及苗种培育、成鱼养殖技术进行研究，并取得了一些突破性的进展。经研究试验与生产实践证明，在常规精养池中套养少量黄颡鱼，在不增加投饵的情况下，每亩池塘可增产黄颡鱼 30～80 千克，亩增利润 500～1500 元，经济效益十分显著。目前在浙江省湖州、嘉兴等地、黄颡鱼专养面积不断扩大，亩产可达 1000～1500 千克，亩利润 5000～8000 元。

7. 翘嘴红鱼白

又名太湖白鱼，为长江流域的优质经济鱼类之一，其个体大、生长快、肉质洁白、肉味细嫩又鲜美，素有“长江上等名鱼”和“太湖三白”之首的美誉，为鱼中上品，被列为我国淡水四大名鱼之一。该鱼是生活在流水湖泊及水库等大水体中的大型淡水经济鱼类，栖息于水体中上层。性情暴躁，容易受惊，游动迅速，为广温性鱼类，水温在 0～38℃都能生存，最适水温 15～32℃。适应性、抗病力、耐低氧能力都比较强，一般在水深 0.5～10 米、水质清新、透明度在 30 厘米以上、pH6.5～8.5 时最适宜生长。主要以活鱼为食物，幼鱼主要以水生昆虫、枝角类、桡足类为食。一般情况下，1、2 龄鱼处于生长旺盛期，3 龄以上进入生长缓慢期。太湖白鱼目前已成为浙江省一个主要名优养殖品种，其苗种还大量供应到湖北、江西等地。

8. 斑点叉尾鮰

斑点叉尾鮰在鱼类分类上属于鲶形目鮰科，又名沟鲶或河鲶，原产于北美落基山脉东部。我国于 1986 年从美国引进，其在美国也是重要的淡水养殖鱼之一。该鱼为杂食性和广温性鱼类，既耐低温又耐高温，水温 1～39.5℃时均能成活，对溶解氧量要求亦不高，与中国“四大家鱼”相似。其肉质鲜嫩，刺少，便于食用，生长增重较快，2 龄即可

达上市规格，约 500 克，可以鲜活鱼方式直接上市。该鱼经美国数十年的驯养，食性已变为植物性饲料为主的杂食性鱼类，在人工饲养的条件下，以植物蛋白质为主，掺入 10%的鱼粉，制成配合饲料（蛋白质含量应占 30%）投喂，其饲料系数为 1.5～2.0。斑点叉尾鮰主要作为浙江省南美对虾精养池的辅养品种，每亩放养 10～20 尾。

（三）养殖品种选择原则

1. 市场导向原则

对于每一家养殖户来说，都是在满足消费者需求的同时，获得尽可能大的利益。因此，在选择养殖品种的时候，首先要考虑市场销路和经济效益。

水产品市场同其他商品市场一样，瞬息万变，但对有特定消费习惯的地区，市场对某些品种的需求还是很稳定的，如我国北方大部分地区有消费鲤鱼的习惯，而在江、浙、沪一带则是虾、鲫鱼的主要消费区。

养殖户所在地区有消费某种鱼的习惯，该鱼养殖出来销路没问题，只要投入产出之间有足够的利润空间，养殖户就可以考虑养殖该品种。养殖户所在地区没有消费该品种的习惯，但养殖户有销售渠道，或除去生产和运输等全部成本，还是有利润空间，那养殖户也可考虑养殖该品种。

在通常情况下，市场对食用起来方便美味的新品种反应较好，但养殖户要考虑到该地区对同类或相关产品的消费习惯、比价以及生产成本。

2. 根据水源水质条件

水源、水质是水产养殖最关键的因素之一，水质管理和调控是养殖技术的重点内容。

养殖场的水源要求水量充足、水质清新无污染，符合 GB11607－1989《中华人民共和国渔业水质标准》和 NY5051－2001《无公害食品 淡水养殖用水水质》的规定。

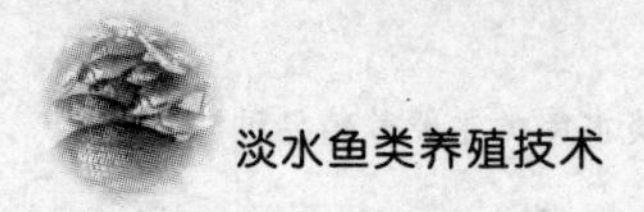

3. 根据水温、气候条件

在选择养殖品种时，还要考虑到当地的气候和水温情况。一些气候偏冷、水温偏低的地区，可养一些冷水性鱼类，比如虹鳟鱼、鲟鱼等。在一些气候较暖、或有温泉和工厂预热水的地方，可养殖一些对水温要求较高的鱼类，如罗非鱼等。

4. 根据池塘、设备条件

在选择养殖品种时，要充分考虑池塘的水深、池塘面积大小以及配备的增氧机械、电力设施等因素。一般来说池塘越深、面积越大、配备的增氧设备齐全，养殖鱼类的承载量就越大，养殖户可适当考虑增加放养量。

5. 根据养殖技术

养殖水平高的养殖户，可选择一些对养殖条件、管理技术要求高、较难饲养的名贵品种来养殖；新手或养殖知识和经验缺乏者，可选择一些生命力强、对养殖条件要求低和养殖方法简单易行的品种来养。

6. 根据养殖方式

淡水鱼养殖方式很多，可单养、混养及与其他品种轮养。在混养时要考虑到主养品种生活的水层、摄食习性。生活在同一水层的品种最好不要搭配在一起，以免争食。轮养不同品种淡水鱼时，要考虑到轮养品种之间放养和捕捞时间上的衔接。

7. 其他

品种选择还要根据投入成本的高低和养殖户的经济实力来决定。若经济实力较弱，可选择一些投资小、风险低的品种。

品种选择还要根据饲料供应情况因地制宜决定。

淡水鱼类养殖环境条件

（一）养殖场所基本条件

养殖场地要选择在符合 GB 18407.4－2001《农产品安全质量 无公害水产品产地环境要求》的水域，要求生态环境良好，不受工业“三废”及农业、城镇生活、医疗废弃物污染的水域；要求养殖地域内上风向、灌溉水源上游没有对场地环境构成威胁的（包括工业“三废”、农业废弃物、医疗机构污水及废弃物、城镇垃圾和生活污水等）污染源。同时，养殖场的选址还应考虑土质、水质，以及电力、交通等因素。

1. 土质

建池对土质有以下要求：一是保水性好，透气性适中；二是堤坝结实，能抗洪；三是无有毒有害物质。

对建池而言，黏土、壤土、沙壤土均可以，但要根据具体情况在建造时不同程度地加固堤坝，以确保安全。最常见的对养殖动物有害的土壤主要是重金属或矿物质含量超标，其中以含铁量过高最普遍，其次为含腐殖质多的土壤，保水性差，易渗水，堤坝也易坍塌，不宜用来建池与养殖。

2. 水质

养殖用水要求水量充足、水质清新无污染的水源，水质必须符合 GB11607－1989《中华人民共和国渔业水质标准》和 NY5051－2001《无公害食品 淡水养殖用水水质》规定。淡水鱼养殖水源水质应相对稳定在安全范围内，特别是在高温季节，应保证池水有必要的交换量。

3. 电力、交通等

供电量根据实际生产情况差异很大。总的原则：一是要有动力电源(380 伏)；二是供电量充足，能够保证排灌机械、饲料加工机械、增氧机和投饵机等正常运行；三是保障供电，生产中不停电或极少停电。

养殖场还要求交通与通讯便捷，便于鱼苗、成鱼的运输以及对外联络。

(二) 养殖池塘条件

池塘是鱼类生存的首要条件，池塘水质的好坏直接影响鱼类的生长，因此创造一个好的水域环境尤为重要。池塘规划包括 5 个方面内容：一是池塘的水源；二是池塘面积，即各种池塘(鱼种池、成鱼池、越冬池)的最佳面积；三是池塘的深度；四是池塘的形状与方向；五是池塘的底质。

1. 水源

鱼终生生活在水中，水源条件决定鱼的产量。池塘的水源要求水量充足、水质清新。在养殖过程中，要经常加注新水，以保证充足的溶解氧。使用江河水或碱性水的地方，水中浮游动物含量高，可适当多放花鲢，以控制浮游动物的生长，减少耗氧因素。采用城市生活污水养鱼的地方，花白鲢要同时多放，并定期利用药物控制浮游生物的生长，以免造成泛塘死鱼。

2. 面积

根据大池养鱼产量高、载鱼量多的特点，各种池塘的面积应该相应大些，因为较大的池塘，鱼的活动范围广，加之受风力的作用大，溶解氧较充足，有利于鱼类正常摄食与生长。另外，大水体水质较稳定，易控制，不易出现“转水”的不利现象。但是面积过大，操作管理不便，一旦出现鱼类浮头、生病等情况，造成的损失也大。尤其是养殖鱼种的池塘，面积过大容易造成鱼种规格参差不齐。因此应按照驯化养鱼方式的要求，结合单位产量及采取的驯化方法来确定池塘面积。一般来说，单位面积产量越高，要求面积越小；产量越低，要求面积越大；采

用自动投饵机投喂的池塘面积可大些，人工投喂的面积要小些。总之，最佳的单塘面积应控制在：鱼种池 0.33～1 公顷，成鱼池 1～2 公顷，越冬池 1.33～2.67 公顷。

3. 水深

鱼产量的高低和池塘水的深浅密切相关。俗话说的“一寸水一寸鱼”“深水养大鱼”具有一定的科学道理。水深，水量大，水温水质变化小，对鱼生长有利。但水也不能过深，过深的水使池塘底层水温偏低，来自上层的溶解氧难以溶到底层，造成底层含氧量低，不利于鱼类生长。因此，在年初制定产量计划时，必须考虑到池塘的水深。无论是鱼种池，还是成鱼池，水深标准基本相同，即每亩产 750～1000 千克的池塘，水深要求在 2～3 米。

4. 形状与方向

池塘以东西长、南北宽的长方形为好，这种池形可延长水面日照时间，同时夏季的东南风容易产生波浪，有利于自然溶解氧产生。池塘的长宽比为 5∶3 或 3∶2，这样的池形池埂遮荫少，水面日照时间长，有利于浮游生物的繁殖和水温的提高，在养鱼季节偏东风和偏西风较多，受风面大，有利于水中溶解氧量的提高，可减少鱼类浮头，同时便于饲养管理和拉网操作，注水时易形成全池水的流转。连片的池塘要求规范化，建设必要的运输干道及排灌水设施。池底要平坦或略向排水口倾斜，以利于池塘捕鱼。池埂脚和池底间应有 1 米宽的池滩，底质要坚实，便于下水扦捕操作。池埂要坚固，池堤要高出洪水位 0.5 米以上，防洪堤坡可种植饲料作物，不仅可生产养鱼的饲料和肥料，而且可招引昆虫，增加天然饵料，也有利于保护池堤，减轻雨水的冲刷，但堤坡不宜栽种高大树木，以免遮挡阳光照射和风的吹动，影响池塘内浮游生物的生长和溶解氧量。

5. 底质

池塘底质从多方面影响水质，对养鱼非常重要。池塘底质首先要求保水性能好，这样才能保持一定的水位和肥度。

饲养鲤科鱼类的池塘，底质以壤土为好，壤土的保水与保肥能力

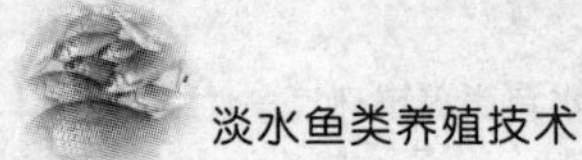

适中，池水不致太浑，底泥不会过深，饵料生物生长状况良好。黏土虽保水与保肥能力更强，但池水易浑浊，底泥深，吸附能力强，施肥后营养盐类很快被底泥吸附，不能被浮游植物利用，不利于饵料生物的生长。沙土的渗水性大，不能保水、保肥，属劣等底质，不宜建造鱼池。但养鱼1～2年后，池塘内积存的鱼类粪便和生物尸体与泥沙混合，形成淤泥，覆盖了原来的池底，土质对养鱼的影响也就让淤泥取代了。精养池每年沉积淤泥厚度可达10厘米以上，池塘原来的底质对水质的影响就逐渐减弱，其作用由淤泥代替，淤泥中含有大量的营养物质，具有保肥、供肥和调节水质的作用，新修建的池塘施肥后，肥度和水质经常不稳定就是因为缺少淤泥的缘故。但淤泥过多，有机质耗氧过大，造成底层水长期缺氧，缺氧后导致厌氧发酵，还会产生氮、硫化氢、有机酸等有害物质，甚至形成大量氧债，容易引起鱼类浮头、泛池等现象。所以，池塘淤泥过多易恶化水质，抑制鱼类的生长，甚至引起死亡。在不良条件下，鱼体抵抗力降低，而病菌却容易繁殖，常引发鱼病，所以池塘的淤泥不宜过多，以10～20厘米为宜，每年应清除过多的淤泥。

三、淡水养殖水质条件和调控技术

鱼类生活在水中，只有了解养殖鱼类对水体环境的生态要求，了解池塘水体环境各因素变化规律及彼此之间的关系，才能调节和控制养殖水体环境，使之符合鱼类的生长需求。影响精养池塘水体环境的因素分为水体中非生物因素、生物因素以及池底淤泥等。其中非生物因素包括物理因素和化学因素。

（一）池塘水质条件

1. 物理因素

(1) 水温。水温是影响鱼类生长最主要的环境条件之一，水温不仅直接影响鱼类的生长和生存，而且通过对环境的改变而间接对鱼类发生作用，几乎所有环境污染因素都受水温的制约。

水温直接影响鱼类的代谢强度，从而影响鱼类的摄食和生长。一般在适温范围内，随着水温的升高，鱼类的代谢相应加强，摄食量增加，生长加快。各种鱼类都有适合自身生长的水温范围(表 3-1)。草鱼、鲢鱼、鳙鱼、鲤鱼、鲫鱼等鱼类生长的适温范围在 15～32℃，最适宜生长水温为 20～28℃，高于或低于适宜温度都会影响它们的生长和生存。上述鱼类在水温降至 15℃以下时，食欲下降，生长缓慢；水温低于 10℃时，摄食量大幅减少；水温低于 6℃时，会停止摄食。而水温高于 32℃时，鱼类食欲同样也会降低。为提高生产效果，必须在最适宜温度期间加强饲养管理，加速鱼类的生长。

水温也影响鱼类的性腺发育和决定产卵时间。我国南方地区由于全年水温比较高，“四大家鱼”性腺发育也较快，成熟较早，性腺成熟年龄一般比北方地区早 1～2 年。虽然南北地区亲鱼产卵开始时间前

表 3-1 几种养殖鱼类的适温能力 （单位：℃）

种类	生长最低温	适应低温	最适温	适应高温	最高温
鲤鱼	8	15	22～26	30	34
草鱼	10	15	24～28	32	35
青鱼	10	15	24～28	32	35
罗非鱼	14	20	25～30	35	38

后相差较悬殊，但水温却相差不大，一般都在18℃开始产卵。因此，“四大家鱼”人工产卵的适宜水温为22～28℃，18℃以下产卵效果差，15℃以下则亲鱼无产卵迹象。

水温还通过影响水中的溶解氧量而间接对鱼类产生影响。池塘的溶解氧量随水温升高而降低，但水温上升，鱼类代谢增强，因而容易产生池塘缺氧现象，这在夏季高温季节特别明显。水温对池塘物质循环也有重要影响。水温直接影响池塘中细菌和其他水生生物的代谢程度，在最适温度范围内，一方面细菌和其他水生生物生长繁殖迅速，同时细菌分解有机物为无机物的作用加快，因而能提供更多的无机营养物质，经浮游植物吸收利用，制造有机物，使池塘中各种饵料生物加速繁殖。

（2）水色。养殖水体的水色是由水中的溶解物质、悬浮颗粒、浮游生物、水底及周围环境等因素综合作用而形成的，如富含钙、铁、镁盐的水呈黄绿色，富含腐殖质的水呈褐色，含泥沙多的水呈土黄色等。在精养鱼池中，浮游生物（特别是浮游植物）占绝对优势，并明显具有优势种类，由于各类浮游生物细胞内含有不同的色素，因此当池塘中浮游生物种类和数量不同时，池水就呈现不同的颜色和浓度，俗称水色。看水色鉴别水质，在生产上有很大的实用性。好的池塘水色一般分为两大类：一类是以黄褐色为主（包括姜黄色、茶黄色、茶褐色、红褐色、褐色中带绿色等），另一类是以绿色为主（包括黄绿色、油绿色、蓝绿色、墨绿色、绿色中带褐色等），这两类水均为肥水型水质。但相比之下，黄褐色水质的池塘优于绿色水质池塘，水中以鱼类易消化的藻类占优势，其指标生物为隐藻类；而绿色水中以鱼类不易消化的藻

类占优势，指标生物为绿藻门的小型藻类。当池塘水质变坏时则呈现出棕红色、棕黄色、蓝绿色、深绿色、灰绿色、灰色甚至黑色等，这是因为出现了对鱼类有害的藻类优势种，如蓝藻、甲藻等。

（3）透明度。透明度表示光透入水中的程度，是指透明度盘沉入水中，至恰好看不到的深度，用“厘米”表示。透明度的高低取决于水中的浮游生物的多少，可以大致表示水中浮游生物的丰歉和水质的肥度。一般说来，肥水的透明度在25～40厘米，水中浮游生物量较丰富，有利于鲢、鳙等鱼类的生长。透明度小于25厘米，表明池水过肥，常常又是蓝藻过多的表现。透明度大于40厘米，表明池水较瘦，浮游生物量较少，不利于鱼类生长。

（4）补偿深度。由于光照强度随水深的增加而迅速递减，水中浮游植物的光合作用及产氧量也随即逐渐减弱。至某一深度时，浮游植物产生的氧气恰好等于浮游生物呼吸作用的耗氧量，此深度即为补偿深度。补偿深度以上的水层称为增氧水层，随着水层变浅，水中浮游植物的光合作用净产氧量逐步增大；补偿深度以下的水层称为耗氧水层，随着水层变深，水中浮游生物（包括细菌）呼吸作用的净耗氧量逐步增大。不同养殖水体和养殖方法，其补偿深度不同，水体中的有机物含量越高，其补偿深度越小，补偿深度的日变化也十分显著。一般情况下，晴天补偿深度最深，多云天次之，阴天再次之，下雨天最浅。补偿深度因水温、藻类组成不同而有一定差异。

（5）水体运动。池塘是静水环境，水体运动主要有风生流和因上、下水层温差产生的密度流。除了自然力量引起池水运动外，还有排注水和增氧机运转产生的水流运动。风生流产生的波浪向水中增氧，通过水体流动，使上、下层对流混合，加速池塘物质循环，提高了池塘生产力。但在高温季节的下半夜，水层温差过大，发生上、下水层对流时，会加速水层有机物耗氧量，使整个池塘溶解氧消耗速度加快，造成池塘缺氧，引起鱼类浮头，甚至泛池。

2. 化学因素

（1）溶解氧。鱼类生活在水中，用鳃进行气体交换，故水中溶解氧的多少直接影响着鱼类的新陈代谢。草、鲢、鳙、鲤等鲤科鱼类，要求水中的溶解氧量不应低于4毫克/升，低于2毫克/升时，就会产生轻度浮头；当降低至0.6～0.8毫克/升时，就会产生严重浮头；当降至0.3毫克/升以下时，鱼就会开始死亡（表3－2）。鱼类适宜的溶解氧量在5～5.5毫克/升或更高，过饱和的氧一般对鱼类没有什么危害，但饱和度很高时会使鱼类发生气泡病。池水中90%以上的溶解氧来源是靠水中浮游植物光合作用而产生的，少部分源于大气中氧气的溶解作用。水中溶解氧的多少与水温、时间、气压、风力、流动等因素有关。水温升高时，鱼类新陈代谢增强，呼吸频率加快，耗氧量增加，水中的溶解氧就会减少。由于浮游植物光合作用受光线强弱影响，池中的溶解氧也随光线的强弱而变化。一般晴天比阴天溶解氧量高，晴天下午的含氧量最高，上层池水的溶解氧呈饱和状态；黎明前溶解氧最低，这时无增氧设备的中等产量的池塘一般都有浮头现象。在低气压、无风浪、水不流动时，溶解氧较低；在气压高、有风浪、水流动时，溶解氧较高。当水中的溶解氧充足时，鱼摄食旺盛，消化率高，生长快，饲料系数低；当水中的溶解氧过少时，鱼的正常活动就会受到影响，严重缺氧时可引起鱼的死亡。因此建议水产养殖户在池塘中配备底增氧和叶轮增氧机，做到立体增氧。

表3－2　几种养殖鱼类对水中溶解氧的适应（单位：毫克/升）

种　类	正常生长发育	呼吸受抑制	窒息死亡
鲫鱼	2	1	0.1
鲤鱼	4	1.5	0.2～0.3
鳙鱼	4～5	1.55	0.23～0.4
鲮鱼	4～5	1.55	0.3～0.5
草鱼	5	1.6	0.4～0.57
青鱼	5	1.6	0.58
团头鲂	5.5	1.7	0.26～0.6
鲢鱼	5.5	1.75	0.26～0.79

(2) 二氧化碳。天然水体中二氧化碳含量一般为0.2～0.5毫克/升，在富含浮游植物的肥水中，白天光合作用时每小时可以消耗掉0.2～0.3毫克/升。水中二氧化碳的来源有大气、水生生物呼出以及水体二氧化碳平衡系统，光合作用消耗的二氧化碳可以从这些来源中获得。但是，在浮游植物极为茂盛的池塘或低碱度、低硬度水体中，可能会出现不足现象，这是因为水体中大量形成碳酸钙沉淀，消耗了水中二氧化碳所致。此时水色往往呈白色，对鱼类生长不利，施用有机肥是补充水体中二氧化碳的有效措施。

(3) 有机物。养殖水体中的有机物主要是由投喂、施肥、水中生物的排泄和死亡的尸体而组成，主要成分有蛋白质、脂类、氨基酸和腐殖酸等。它们在水中呈悬浮、胶体和溶解状态。在精养池中，由于水中有机碎屑、细菌以及浮游生物数量多，溶解的有机物和悬浮有机物颗粒的比例大约各占一半，而在悬浮有机物中有机碎屑又占2/5～4/5。有机物含量多，池塘生产力也高，但有机物质在分解过程中需消耗大量溶解氧，易使池水缺氧，恶化水质。因此，必须掌握合适的有机物含量。一般饲养草食性鱼类有机物耗氧量以15～20毫克/升较适宜，饲养鲢、鳙、鲮鱼较多的池塘，有机物耗氧量以20～35毫克/升较适宜，这是肥水的重要指标。超过40毫克/升，表示有机物含量过高，就应停止施肥，并添加新水，改善水质。了解有机物含量多少的方法，就是用1个小杯子舀1杯水，然后在距离水面10厘米左右的高度快速倒回水中，如果此时激起的白色泡沫在3～5分钟内不能消散，就说明水体中含有比较多的有机物，需要采取换水等措施来调整。

(4) 酸碱度。水的酸碱度用pH来表示。鱼类要在一定的pH条件下才能正常生存与生长(表3-3)。适合鱼类的pH为6～9，最适宜pH为7～8.5，pH的安全范围为5～9.5。

表3-3　几种养殖鱼类对水中pH的适应范围

种类	适应pH	鱼开始致死的pH				全部致死的pH
		pH	死亡率(%)	pH	死亡率(%)	
青鱼	4.6～10.2	4.4	7	10.4	20	<4或>10.6

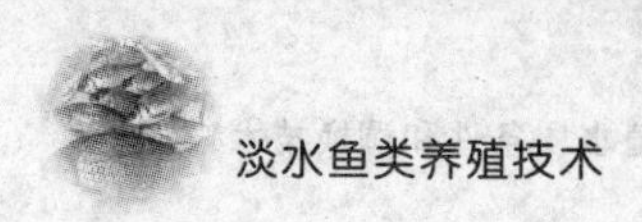

续表

种类	适应 pH	鱼开始致死的 pH				全部致死的 pH
		pH	死亡率(%)	pH	死亡率(%)	
草鱼	4.6～10.2	4.4	15	10.4	23	<4 或>10.6
鲢鱼	4.6～10.2	4.4	20	10.4	54	<4 或>10.6
鳙鱼	4.6～10.2	4.4	11	10.4	89	<4 或>10.6
鲤鱼	4.4～10.4	—	—	—	—	<4 或>10.6

(5) 氨。养殖水体中氨的产生有 3 个来源：一是含氮有机物被硝化细菌还原分解而产生；二是在氧气不足时含氮有机物被反消化细菌还原分解而产生；三是水生动物代谢终产物以氨的状态排出。非离子氨对鱼类是有毒的，可使鱼患上毒血症。在池塘中溶解氧充足的情况下，水体中 pH 在大于 7 时池水中非离子氨的含量较低，水生生物和鱼类排泄的氨被大量池水稀释，同时硝化细菌将其转化为硝酸盐，因此不会给鱼类带来多大影响。但在缺氧的情况下，非离子氨就会积累，而当达到一定浓度时，就会使鱼类中毒，导致鱼类摄食减少，生长缓慢，高浓度时还会造成鱼类死亡。养殖密度太大时，非离子氨的浓度就高，所以非离子氨浓度是限制放养密度的因素之一。我国鲤科养殖鱼类对非离子氨的耐受力较强。目前我国渔业水质标准规定，氨浓度≤0.02 毫克/升作为可允许值。

(6) 亚硝酸盐。亚硝酸盐是氨经细菌作用发生氧化反应而生成的，是氨转化为硝酸盐过程中的中间产物，当氨转化为硝酸盐的过程受到阻碍时，中间产物亚硝酸盐就会在水体中积累。亚硝酸盐的存在对鱼有直接的毒害作用，可使鱼类血液中的亚铁血红蛋白被其氧化成为高铁血红蛋白，从而抑制血液的载氧能力，可造成鱼类因缺氧而死亡。亚硝酸盐浓度在 0.1 毫克/升时，会造成鱼类慢性中毒；亚硝酸盐浓度在0.5毫克/升时，鱼类很容易患病，出现大面积暴发疾病而死亡的现象。冬季结冰缺氧的越冬池易发生亚硝酸盐中毒症，养殖密度过大、池水经常缺氧、水体中有机物含量过高的精养池塘很容易引起亚硝酸盐含量的升高。

(7) 硫化氢。硫化氢是在水体缺氧情况下,由含硫有机物经厌氧细菌分解而形成。在杂草、残饵堆积过多的老塘,厌氧菌分解残饵或粪便中的有机硫化物,常有硫化氢产生。养鱼水体中有硫化氢产生也是水底缺氧的标志。养殖水体中的硫化氢通过鱼鳃表面和黏膜可很快被鱼吸收,与鱼体组织中的钠离子结合形成具有强烈刺激作用的硫化钠,并可与呼吸链末端的细胞色素氧化酶中的铁相结合,使血红素减少,因而影响鱼类呼吸。所以,硫化氢对鱼类具有较强的毒性。氨态氮和硫化氢都具有强烈的刺激气味,凡有以上两种臭味的池塘,就要立即采取措施改良水质。氨态氮、亚硝酸盐和硫化氢都是在池中溶解氧量不足时产生的,是对鱼类有极大危害的有毒物质,因此保持水中溶解氧充足是防止这 3 种有毒物质危害的关键。

(8) 溶解盐类。

1) 氮化合物。氮素是构成蛋白质的主要成分,是构成生物体的基本元素。池塘中的氮化合物包括有机氮和无机氮两大类。有机氮主要是蛋白质、氨基酸、核酸和腐殖质等物质所含的氮,在精养池占有较大比例。无机氮主要有溶解性氮气、氨态氮、亚硝酸态氮和硝态氮。水体中的分子氮只有被水中的固氮蓝藻通过固氮作用才能转化为可被植物利用的氮。水体中的浮游植物最先吸收的是氨态氮,其次是硝态氮,最后才是亚硝态氮。因此,氨态氮、硝态氮和亚硝态氮通常称为有效氮或三态氮。在精养池,三态氮的结构(比例和数量)是衡量水质优劣的一项重要指标。在鱼类主要生长季节,精养池总氨态氮占 60%左右,硝态氮占 25%左右,亚硝酸态氮占 5%左右。

2) 磷酸盐。磷是有机物不可缺少的重要元素,对生物的生长发育与新陈代谢起着十分重要的作用。养殖水体中的磷主要包括溶解的无机磷、溶解的有机磷和颗粒磷,但池塘中浮游植物能利用的主要是溶解的无机磷酸盐,这部分称为有效磷或活性磷。养殖水体中磷的主要来源是投喂、施肥、浮游动物排泄物、生物尸体、底泥释放和补水带入,但绝大部分是以颗粒磷和有机磷的形式存在,池水中真正的有效磷仅占水体含磷量的 3.17%。由于水底淤泥和水体中的胶体细粒对磷的吸附固定起了很大的作用,水中补给的磷绝大部分退出池塘物

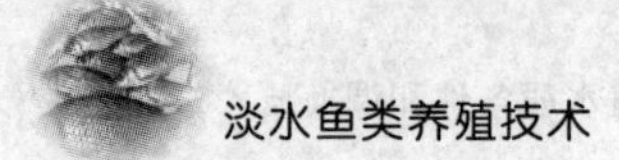

质循环而沉积在池底。因此,池水中有效磷的含量是水体初级生产力的主要制约因素。

3）硬度。硬度是用来衡量水体所有二价阳离子(如钙、镁、铁、锌等)浓度总和的概念。大多数水体中硬度的构成成分主要是钙、镁离子。硬度和碱度关系密切,但它们是不同的两个概念。以“毫克/升碳酸钙”形式来表示时,总硬度值通常和碱度值相似,因为在大多数天然水体中,碱度的构成成分主要是钙、镁的碳酸盐。通常来自碳酸盐的硬度被称为临时硬度,水煮开后就沉淀;而来自非碳酸盐的硬度,如硫酸盐、盐酸盐、硝酸盐以及硅酸盐的硬度被称为永久硬度,它们在日常硬度中所占的比例很小。如果水体硬度主要由碳酸盐的钠、钾构成,那么水体的硬度就很低。大多数淡水鱼、温水鱼适宜的总硬度在50毫克/升。一般说,鱼类适应硬水比适应软水更容易一些。

4）氯化物、硫酸盐、铁化合物和硅酸盐。一切藻类的光合作用都需要氯,养殖鲤科鱼类的池塘水中氯离子在4毫克/升,鱼类都可以适应。硫是构成蛋白质和酶不可缺少的成分,生物体对硫的需求量不大,精养池中池底有机物多,加之下层水经常缺氧,水中含的硫酸根容易被硫酸盐还原细菌还原为有毒的硫化氢。因此,池塘应避免大量含硫的水流入。铁是藻类重要的营养元素,对藻类的光合作用和呼吸作用有重要影响,高浓度的铁能在鱼鳃上沉积一层棕色的薄膜,妨碍鱼的呼吸。高价铁与磷酸生成磷酸铁沉淀,降低施用无机磷肥的效果。养殖水体中溶解的硅都以硅酸和硅酸盐的形式存在,它们都可以为藻类利用,简称有效硅,其含量以二氧化硅的数量来表示,一般养殖水域二氧化硅含量都在2～10毫克/升,不会成为硅藻生长繁殖的限制因素。

3. 生物因素

(1) 微生物。水中的微生物包括细菌、酵母菌、霉菌等,而以细菌最为重要。池塘中细菌的数量很大,每毫升水中含数万至数百万个不等。它们不仅在池塘物质循环中起着重要作用,而且是水生动物和鱼类的天然饵料。细菌群聚体可达数十微米大小,能被鲢鱼、鳙鱼等滤食性鱼类直接摄食。有机碎屑表面有密度极大的细菌(达450亿个/克湿

重)，鱼类摄食有机碎屑时也就吞进了大量富有营养价值的细菌。微生物对饲养鱼类除了有益的一面外，也有不利的一面。如有些细菌在缺氧条件下对有机物进行厌氧分解，产生还原性的有害物质，使水质变坏；有些细菌则会引起鱼病，造成鱼类死亡。因此，提高溶解氧量，中和酸度，防止池水被有机物污染等，是促使有益细菌繁殖、抑制有害细菌发生的有效措施。

(2) 浮游生物。精养池中的生物以浮游生物为主，高等水生生物和底栖生物很少。浮游生物中又以浮游植物为主，浮游植物不仅是鲢鱼、罗非鱼的直接饵料，是水体生产力的基础，同时还是水中溶解氧的主要制造者，对水质理化因素的变化起主导作用。浮游生物是养殖鱼类的幼鱼和鲢、鳙等成鱼的主要食物。浮游生物的多少就代表着对鲢鱼、鳙鱼、罗非鱼等肥水性鱼的供饵能力，直接影响其产量。池塘浮游生物有明显的季节变化，一般早春硅藻大量出现；夏季浮游生物种类和数量达到最高峰，特别是绿藻、蓝藻大量繁殖；秋季浮游生物数量逐渐降低，绿藻、蓝藻数量有所下降，硅藻、甲藻等数量上升；冬季浮游生物数量和种类均大大减少，在池塘冰封的情况下繁殖着少量的硅藻和桡足类。精养池浮游植物优势极为明显，其种类少，生物量大，夏季一般精养池为5000万个/升，高产池达4亿个/升，往往形成水花。由于各类浮游植物细胞内含有不同的色素，当浮游植物繁殖的种类和数量不同时，便使池水呈现不同的颜色与浓度。因此，人们常根据池水的水色及其变化判断池水的肥瘦和优劣，从而采取相应的措施。

(3) 底栖动物。主要有昆虫及其幼虫(如摇蚊幼虫、蜻蜓幼虫等)、水蚯蚓、螺、蚌等。它们大多是青鱼、鲤鱼的食料，在池塘中具有一定的生物量，但与浮游生物比较，其对池塘生产力的影响就相差甚远。一些对鱼苗有害的昆虫如龙虱幼虫、红娘华、蜻蜓幼虫等必须清除。

(4) 鱼类。多种鱼类共同栖息于同一水体，有的相互利用，有的相互竞争。如草鱼、团头鲂吃草，粪便培养浮游生物，可作为鲢鱼、鳙鱼的饵料；鲢鱼、鳙鱼摄食浮游生物和细菌，使水质变清，有利于草鱼、团头鲂生活；鲤鱼、鲫鱼、罗非鱼等摄食有机碎屑，可改善水质。所以，

把这些鱼混养在同一水体，创造相互有利的环境条件，使鱼池成为合理的、有效的生态系统。但有些鱼之间存在着摄食和被摄食的关系，如鳜鱼、鲶鱼、乌鳢等肉食性鱼类，会危及养殖鱼种的生命。麦穗鱼、鲹条等小杂鱼，既可被大型凶猛鱼类吞食，又会危害鱼苗、鱼种，并与养殖鱼类争食，消耗饲料，因此必须清除，以保障主养鱼种的正常生长。

4. 池底淤泥

养鱼池塘经过一定时期的养殖生产，大量残饵和鱼类粪便等有机颗粒物沉入水底，同时死亡的生物体遗骸经发酵分解后，与池底泥沙等物混合，使水底淤积了一定厚度的淤泥，原来的土质对水质的影响被淤泥所代替。养殖时间越长、养殖密度越高，淤泥沉积越多。据测定，精养池每年沉积的淤泥厚度可达 1～2 厘米，淤泥中含有大量有机物，每亩净产 750 千克商品鱼的池塘表层淤泥中有机物含量在17％左右。淤泥中含大量营养成分，包括有机物、氮、磷、钾等，如按每亩池塘的平均淤泥厚度 2 厘米计算，可折合约 585 千克硫酸铵。淤泥使水体保持一定的肥力，对水体的肥度有缓冲调节作用。但淤泥过多，会增加耗氧量，加上池水中耗氧生物的呼吸作用，就会大大增加底泥耗氧量，造成水体下层长期呈缺氧状态。没有养过鱼的底泥耗氧量为每平方米 16.8 毫克/升，而养过鱼的底泥耗氧量可达每平方米 45～55 毫克/升，比未养过鱼的高出 3 倍左右。底泥还会产生有毒物质，并产生大量还原物质（包括有机酸、氨、硫化氧等），在底泥有机物分解过程中，会产生氨、甲烷、硫化氢等有毒物质，养过鱼的底泥产氨量要比未养过鱼的高 2.6～3.3 倍。池底淤泥过多，有利于致病微生物的生长繁殖，容易发生鱼病。池塘淤泥增多，底质恶化，是有毒物质和有害细菌增加的罪魁祸首，是造成整个养殖水体水质污染的重要原因。近些年来，鲢、鳙、鲫等鱼类发生暴发性出血病就是由多年未清淤消毒的池塘底部淤泥中的大量致病菌引起的。

（二）池塘水质调控技术

1. 水质监测设备

以往我国普通渔民在养鱼的过程中，对水质的观察、监测和管理大多是凭借自己在养殖过程中所积累或向养殖老手请教的经验，即凭经验办事。随着养殖技术的科学化和养殖品种的不断增加和改变，人们对水质的控制精益求精，越来越向科学、规范的方向发展。因此，许多水质指标的检测分析系统应运而生。

（1）溶解氧的检测。近几年来，已有不少测量溶氧值的电子仪器投入市场，如上海精密科学仪器有限公司生产的 JPB－607 便携式溶氧仪，从液晶显示屏上可以直接读数，而且体积小，携带方便，操作简单。

（2）pH 的检测。

1）pH 试纸。想大致了解水质酸碱度的时候可以使用 pH 试纸，如果需要精确一些可以选用精密 pH 试纸进行测量。

2）pH 比色器。采用液体专用指示剂，将该指示剂滴入已简单处理过的水样时，可以随水的酸碱度不同产生不同的颜色，从而判断水的 pH。

3）pH 计。将该仪器的探测头直接插入水中，立刻就可从仪器上读出 pH。

（3）透明度的检测。测试透明度的简便方法，可以自己制作一个黑白盘（透明度盘）来测定。用薄铁皮剪一个直径 25 厘米的圆盘，用铁钉在圆盘中心打一个小孔，再用黑色和白色油漆把圆盘漆成黑白相间的两种色，在圆盘中心孔穿一根细绳，细绳下系重锤，并在绳上画上长度标记，将黑白盘浸入池水中，至刚好看不见圆盘平面为止，这时绳子在水面处的长度标记数值就是池水的透明度。

（4）盐度的检测。一般采用比重计测定水体比重，然后换算成盐度，该方法简易快捷，适于一般养殖生产单位使用。

（5）三氮的检测。市场上已有多种测试氨、亚硝酸盐、硝酸盐的测试仪器和试剂，在选购时要注意针对养殖者的具体情况和仪器试剂

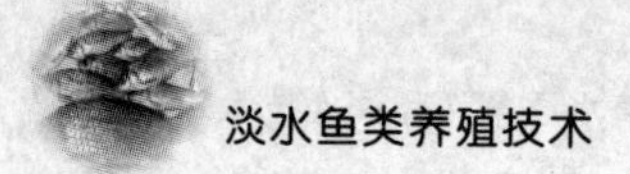

的适用范围。

2. 水质调控方法

水质调控的方法大体上可以分为物理方法、化学方法和生物学方法三种。

(1) 物理方法。

1) 适时换水。换水的关键是水源水质要清新,符合渔业水质标准。其次换水时机要掌握好,不能等水质过老才换水。一般池塘水透明度低于25厘米时就应该换水。其好处是可以长时间保持水质清新,同时降低每次换水量,避免大量换水造成温差过大使池鱼产生应激反应。通常6～9月至少每周换水1次,每次换水10～20厘米,先排去老水再注入新水。

2) 正确使用增氧机。鱼体快速生长的季节也是最容易泛池的季节,适时增氧可以降低养殖风险,降低水体有害物质对鱼体的危害,提高鱼类生长速度,降低饲料系数。

渔业生产中常用的增氧机有喷水式、水车式和叶轮式3种。喷水式增氧机是将水喷向空中,散开落下;水车式增氧机是靠搅动水体表层的水使之与空气增加接触。这两种增氧机对于增加水中溶解氧量、解救浮头都具有很好的效果,同时,曝气效果也较好,能很好地将水中有毒气体如硫化氢、氨等逸入空气中。叶轮式增氧机是近年来池塘养鱼生产中大力推广的一种新型水体增氧机械。叶轮式增氧机可使池水上升而产生对流,使表层水进入底层,底层水上升至表层。含氧量较高的表层水进入底层后可有效改善底层水体的溶解氧状况,使底泥中的有机物迅速氧化分解,从而达到改善水质的效果,对水产养殖和增产增收十分有利。

增氧过程中使用的增氧机要与池塘的水深和面积相配套,其中主要考虑水深。3千瓦叶轮式增氧机,适用于1.4～2米的水深,5.5千瓦叶轮式增氧机适用于2.1～2.4米的水深,7.7千瓦叶轮式增氧机适用于2.5米以上的水深。如每亩产量为500～800千克的池塘,2000～3335平方米水面配置一台3千瓦的增氧机即可。在鱼类快速生长季节,精养池要坚持每天开机,晴天中午开机,阴天清晨开机,连

绵阴雨半夜开机。具体操作如下。

① 晴天中午开机。此时 1 米以上的表层水温度较高，光照充分，光合作用最强烈，溶解氧量达到过饱和，开机后使表层饱和溶解氧混合到其他水层。

② 阴天清晨开机。目的是直接搅水增氧，因为阴天光合作用弱，池水溶解氧量贮备较少，又经过夜间的消耗，池水溶解氧量有可能降至鱼类耐氧忍受最低值附近，因此应在清晨 3:00～5:00 开机，若水肥、鱼密，开机时间还要提前。

③ 阴雨连绵半夜开机。因为此时池水中的溶解氧含量很少，如果等养殖鱼类浮头再开机就来不及抢救，容易造成泛塘死亡。野杂鱼、小虾的耐低氧能力比养殖鱼类低，可以作为开机时机的参考。

④ 阴雨天时白天不开机。阴雨天白天光合作用比较弱，表层池水溶解氧量不会过饱和，此时开机搅水只是把表层池水未饱和的溶解氧混合到底层，达不到增氧的目的。

⑤ 一般天气傍晚不开机。若开机会促使鱼池上、下水层水体提前对流混合，加快耗氧速度。若水质变坏必须开机，且不要停机，同时准备增氧剂配套使用。

⑥ 定期进行底质改良。在鱼类生长旺季，选择晴天中午作业。采用水质改良机将部分淤泥吸出，喷洒到池埂上，以减少耗氧因子。也可将淤泥喷至池水表层，充分利用其上层氧气丰盈，加速淤泥中的有机物氧化分解，以降低夜间下层水的实际耗氧量，防止鱼类浮头，这对于换水不方便的地区来说尤为重要。

(2) 化学方法

1) 适量巧施磷肥。由于大多数投喂商品饲料的池塘往往氮含量过高，因此池塘施放磷肥非常重要。在生产实践中，一般通过施用磷肥促进藻类对氮肥的利用，提高或维持水体浮游植物量，起到供饵、供氧、降低氨氮、改善水质的作用。对底泥较厚的池塘单施磷肥即可。相关研究表明，磷肥的施用量为氮肥的1/10～1/5。一般情况下，施氮量为 1～2 毫克/升，施磷量为 0.1～0.5 毫克/升，这样的施肥比例有利于有益藻的生长而抑制蓝藻、丝状藻等有害藻的繁殖。过磷酸钙等

可溶性磷肥，施肥后仅几天内有效，为了使池塘有效磷保持一定浓度，施磷肥必须做到少量多次，通常在池塘中使用过磷酸钙，每 10 天泼洒 1 次，每次使全池呈 10 毫克/升的浓度。为减少沉淀和流失，磷肥应尽可能均匀溶解在水中，过磷酸钙遇碱产生不溶性磷酸三钙使肥效降低，因此不能和碱性物质一起使用，在施肥前 4～5 天不能泼洒生石灰水。如果水体 pH 过低，则施生石灰与施磷肥时间间隔为 15 天，水质较瘦的池塘无机磷肥最好与有机肥料混合使用。根据施肥后 5～7 天水色的变化调整下次施肥量和施肥时间，维持有效磷浓度在 0.03 毫克/升以上。应该在晴天上午 10 时左右全池泼洒，施肥后当天白天不要搅动水面。

2）适时施用生石灰。除盐碱地外，鱼类快速生长季节每 10～15 天施用 1 次生石灰，浓度为 15～20 克/米^3，以调节 pH，这对于大量投喂的精养池来说是很有必要的，因为有机酸大量存在会降低池水的 pH，引起溶解氧被大量消耗而可能导致一系列鱼病的发生。

（3）生物方法。

1）多规格混养滤食性鱼类和杂食性鱼类，实行轮捕轮放，经常调节池塘载鱼量。混养鲢、鳙鱼等滤食性鱼类，通过它们的滤食作用调节池水浮游生物量，这是我国的养殖传统模式，也是保持水质、提高养殖效益的好方法。在不影响主养鱼种密度的情况下，适当增加和拉开鲢、鳙鱼规格档次，可以增加轮捕轮放频率。这样，可以充分利用水体生物循环，保持水体生态系统的动态平衡。适当混养鲤鱼、鲫鱼、团头鲂、罗非鱼、鲮鱼等可有效地消耗高产鱼池因大量投喂饲料而产生的残饵、有机碎屑、细菌团和附生藻类，既可有效降低有机耗氧量，达到调节水质的目的，又能够提高水体利用率，增加经济收入。

2）使用生物制剂。既能提供有益藻类，又能改善底质，从立体空间上来调节水质。常用的生物制剂包括光合细菌、芽孢杆菌、EM 菌等。

① 光合细菌。为一群能在厌氧光照或好氧黑暗条件下利用有机物作供氢体和碳源进行不放氧光合作用的细菌。其在池塘养殖过程中的作用包括：一是净化水质，改善养殖环境。光合细菌以水中的有

机物作为自身繁殖的营养源，并能迅速分解水中的氨态氮、亚硝酸盐、硫化氢等有害物质，能完全分解水生动物的残饵和粪便，起到保护和净化养殖水体水质的作用；二是可以作饵料。光合细菌含有大量的促生长因子和生理活性物质，营养丰富，能刺激免疫系统，促进胃肠道内有益菌的生长繁殖，增强消化和抗病能力，促进生长；三是可预防疾病。光合细菌含有抗病毒因子和多种免疫促进因子，可活化机体的免疫系统，强化机体的应激反应，从而达到防治疾病的目的。

② 芽孢杆菌。在水体中的作用是分解池底的残饵、粪便、有机物，将其转化成单细胞藻类能利用的有机物；降解氨氮、亚硝酸盐、硫化氢等有害物质；促进硅藻、绿藻等优良单细胞藻类生长，抑制蓝藻繁殖，营造适宜的养殖水质，改善水质因子，以保持良好的养殖生态环境；可通过营养、场所竞争及分泌类似抗生素的物质，直接或间接抑制有害病菌的生长繁殖。另外，还可以产生免疫活性物质，刺激水产养殖品种提高免疫功能，增强抗病力和抗应激能力，减少病害的发生。

③ EM 菌。EM 菌是一种新型的复合微生态制剂，呈棕色半透明状液体，由光合细菌、乳酸菌、酵母菌、放线菌、醋酸杆菌等微生物复合培养而成。它有多种功能，可促进鱼类生长、提高饲料利用率、增强鱼类机体抗病性能、去除粪便恶臭、改善生态环境等。使用方法为全池泼洒和拌料投喂。

（4）底质改良。

1）挖除过多的淤泥。精养池最好每年干池 1 次，清除过多的池塘淤泥。为了保持鱼塘的肥度和水质的相对稳定，可保留 15～20 厘米深的淤泥。虽然清淤费用较高，但可降低饲料系数、鱼病防治费用及发生暴发性疾病的概率。挖出的淤泥可用来加固池岸、堤埂或种植青绿饲料或其他经济作物。淤泥是优质有机肥料，青绿饲料施用淤泥后，每亩产量可达 7～8 吨。利用池岸、堤埂种植青绿饲料，不仅保护池岸、堤埂，避免水土流失，削减流入池塘的营养物质数量，还可种青养鱼，招来昆虫、增加活饵促进鱼产量提高。

2）池底日晒和冰冻。在冬春季清淤的池塘，冬季排干池水后，让池底泥土日晒和冰冻一段时间，可以杀死病原菌、寄生虫，增加淤泥的透气性，促使淤泥中的有机物分解氧化，变成简单的无机物。翌年养殖时，可向水中提供大量的营养盐类，增加池塘下层水的溶解氧量，为改善水质创造良好条件。

3）生石灰清塘。用生石灰清塘是改善底质的有效措施，其特点为：在短时间内使池水 pH 达到 11 以上，杀死野杂鱼、鱼类寄生虫、致病细菌、丝状藻类和一些根浅的水生植物，作用快而彻底；能提高池水的碱度和硬度，增加水的缓冲能力；抵消水中浮游植物光合作用消耗的二氧化碳，使 pH 升高，起到改良水质的作用。

除了能杀死病原菌以及使池水保持微碱性的环境和提高池水硬度、增加缓冲能力外，还能增加水中钙离子数量，并使淤泥中被胶体所吸附的营养物质交换释放出来，以增加水的肥度。池底施放生石灰的好处很多，但施用量要足，即每亩施用 100 千克以上。其操作要领：即将池水排至 10 厘米左右，把生石灰用桶加水溶化后趁热遍泼全池，用钉耙把泼有生石灰的底泥翻耙一遍，使淤泥和生石灰充分混合即成。

4）实现水旱轮作。淤泥过深的池塘可将池水排干后种植农作物，这样可以使淤泥更充分地干透，依靠陆生作物发达的根系，使土壤更加疏松，有利于有机物的矿化分解，更好地改良底质。同时，淤泥也是农作物很好的肥料，实现水旱轮作利用，使池底营养物质被充分吸收。还可以种植水稻、稗草等禾本科植物，当植株长到 3 厘米以上时灌水淹青，使植株腐烂分解，培育水质，养殖鱼类。

5）施用微生态制剂。在养殖的关键季节，根据池塘的具体情况，有针对性地施用光合细菌、芽孢杆菌、硝化细菌、EM 菌液等，改善底质和水质，减少有毒物质的毒害作用，增加溶解氧量，促进养殖鱼类的生长。

四、淡水鱼类的营养需要与无公害饲料选择

鱼类是终生生活在水中、用鳃呼吸的变温低等脊椎动物。它们和陆生动物一样，必须不断地从饲料中摄取蛋白质、脂肪、糖类、无机盐、维生素等营养物质，来满足自身维持生命、生长、繁殖的需要。同时鱼类生理特点决定了它的营养特点和陆生动物又有一定区别。如：鱼类不需要维持恒定体温，体温比环境温度高 0.5℃左右，所需能量为陆生动物的 50%～67%。鱼类可以直接用鳃、皮肤吸收水中的无机盐。鱼类要求饲料含有较高的蛋白质，饲料中蛋白质的含量一般为畜禽的 2～4 倍。鱼对糖类利用较差。鱼的消化道简单，肠道内细菌的种类和数量较少，因而肠道合成维生素相对较少。近年来，随着集约化养殖技术的推广，饲料成本已占经营成本的一半以上，因此，只有充分了解鱼类对各种营养物质的需要量，才能科学、经济地设计鱼用饲料配方和生产饲料，以达到降低成本和提高经济效益的目的，从而促进水产养殖业的持续、健康发展。

（一）淡水鱼类的营养需要

1. 蛋白质

蛋白质是构成生命的基础物质，是由氨基酸组成的含氮高分子化合物。饲料蛋白质被鱼体摄食后，必须于鱼的消化道中在各种消化酶的作用下，分解成氨基酸后才能被鱼体吸收利用。氨基酸构成决定了蛋白质的质量。已经证明，鱼类的必需氨基酸有赖氨酸、蛋氨酸、苯丙氨酸、异亮氨酸、亮氨酸、苏氨酸、色氨酸、缬氨酸、精氨酸和组氨酸 10 种。不同种鱼类要求蛋白质中各种必需氨基酸所占的比例不同，如果饲料里的蛋白质中 10 种必需氨基酸的含量和比例与鱼类的需求相一

致，则称为平衡蛋白质；如果某种或几种必需氨基酸含量不足，就会限制其他氨基酸的利用。必需氨基酸的不足，不仅会使鱼生长缓慢，而且还会诱发某些疾病，如蛋氨酸和色氨酸缺乏，可使鱼患白内障。在10 种必需氨基酸中，赖氨酸和蛋氨酸是鱼类的限制性氨基酸。

鱼类对饲料中蛋白质和氨基酸含量的要求受鱼类种类、年龄、规格以及生活水域生态条件的影响，我国主要养殖鱼类的蛋白质和氨基酸的需求量，可以参考表 4-1 和表 4-2。

表 4-1　主要养殖鱼类饲料蛋白质最适含量参考表(%)

养殖鱼类	苗龄培育期	种龄培育期	食用龄培育期
鲤鱼	40～45	35～40	30～35
青鱼	40	35	30
草鱼	32	25～27	22～25
团头鲂	34	30	25～30
鲫鱼	40	35	30
罗非鱼	40	35～38	30
虹鳟	45	40～45	28～35
鲮鱼	40	36～38	32
美国沟鲶	35～40	30～35	28～35
鳗鲡	48～50	45	41

表 4-2　几种鱼类饲料中必需氨基酸占蛋白质的比例(%)

鱼名	饲料中蛋白含量	必需氨基酸									
		精氨酸	组氨酸	异亮氨酸	亮氨酸	赖氨酸	蛋氨酸	苯丙氨酸	苏氨酸	色氨酸	缬氨酸
鲤鱼	38.5	1.60	0.80	1.50	2.00	2.00	1.90	2.20	1.50	0.30	1.40
青鱼	40.0	2.70	1.00	0.80	2.40	2.40	1.10	0.80	1.30	1.00	2.10
草鱼	28.0	1.40	0.50	0.80	1.50	1.58	0.75	1.58	0.80	0.09	0.98
团头鲂	30.0	2.06	0.61	1.43	2.10	1.92	0.62	1.35	1.39	0.20	1.51

(据李爱杰的资料整理)

由表 4－1 可以看出，肉食性鱼类要求饲料蛋白质含量高，一般在 40％以上，杂食性鱼类要求较低，一般为 30％～40％，草食性鱼类最低为 30％以下。同时又和鱼的年龄关系密切，仔鱼、幼鱼生长旺盛，对蛋白质需求高，成鱼生长慢，对蛋白质需求低。

2. 脂肪

脂肪是鱼类最为重要的能量来源，它所产生的能量是蛋白质和糖类的 2.5 倍，又是脂溶性维生素的溶剂，也是细胞的组成成分，特别是能供给鱼体必需的脂肪酸。必需脂肪酸在鱼体内不能合成，必须由饲料提供，缺乏它会引起鱼类代谢紊乱，营养障碍，生长停滞，体弱多病。鱼类生长中不可缺少的不饱和脂肪酸是十八碳二烯酸（亚油酸）、十八碳三烯酸（亚麻酸）和二十碳四烯酸（花生四烯酸）。

鱼类对脂肪有特殊的利用能力，其利用率可达 90％以上。不同鱼种对饲料中脂肪的需要量也是不同的，同时也受环境影响，一般鱼饲料中应含 4％～18％的脂肪，并且水温高时脂肪含量要高一些。反之则低一些，如温度低于 23℃，鲤鱼饲料中脂肪含量为 8％～10％，水温高于 23℃为 10％～15％，但脂肪过量，如肝中脂肪积聚过多等也会引起鱼体不适。草鱼饲料中脂肪含量控制在 3％～8％，鲤鱼为 4％～9％，团头鲂为 2％～5％，尼罗罗非鱼为 5％～9％，其他肉食性鱼类饲料中脂肪含量为 5％～8％。

3. 碳水化合物

碳水化合物又称糖类，可分为无氮浸出物（淀粉、糖类）和粗纤维。无氮浸出物可以作为水产动物的能量来源，节约一部分蛋白质饲料，也可以转化为脂肪储存在体内。

水产动物对碳水化合物的利用能力不高，可能是因为分解糖类的胰岛素分泌不足所致。一般情况下，草食性鱼类和杂食性鱼类的利用能力较高，而肉食性鱼类的利用能力较低。对不同种类的碳水化合物，鱼类的利用率也不同，鱼类对单糖、双糖的利用率较高，对淀粉的利用率较低，对纤维素的利用率最差。

渔用饲料中碳水化合物过高或过低对鱼类的生长均不利。过高会降低饲料中蛋白质的消化吸收，阻碍生长，同时过量的碳水化合物会转变为脂肪蓄积在肝脏内，形成脂肪肝，影响肝脏功能；过低则会影响鱼体基础代谢及其他生理功能。一般渔用饲料中碳水化合物的含量应控制在20%～30%。

粗纤维也是鱼类利用较差的物质，但适量的粗纤维可以填充、稀释营养物质，也可以刺激消化道，促进胃肠蠕动及消化酶的分泌，有利于营养物质的消化和吸收。如果粗纤维含量过高，则会影响鱼类对营养物质的消化、吸收和利用，阻碍鱼类的生长。

4. 矿物质

矿物质又称灰分或无机盐类，一般包括7种常量元素和10种微量元素。矿物质不能在体内合成，鱼类除了可以从饲料中获得矿物质外，还可以通过皮肤和鳃吸收水中的矿物质。不同的矿物质元素在鱼体内可以以离子、分子和结构复杂的化合物形式存在，它们对维持水产动物的健康生长与繁殖起着重要的作用，但不同的矿物质元素作用不同，同一矿物质元素不同形态的作用也不同。矿物质元素的种类、作用及其缺乏症状见表4－3。

表4－3 矿物质元素的种类、作用及缺乏症

种类		作用	缺乏症状
常量元素	钙	降低毛细血管通透性，减少渗出，维持肌肉组织正常兴奋，促进凝血酶纤维蛋白的形成	骨骼弯曲，生长不良，肌肉痉挛
	磷	骨骼和牙齿的组成成分，参与体内多种物质和能量的代谢	食欲下降，头部、背部畸形
	钠、钾	参与体内胆碱平衡，调节体内渗透压和pH，在维持神经功能上起重要作用	肌肉痉挛，活力下降，食欲减退，消瘦
	氯	细胞液中主要的阴离子，消化液的组成成分，维持酸碱平衡	未定
	镁	骨骼的组成成分，参与酶的活化和蛋白质的合成，维持正常的神经功能	食欲减退，生长缓慢，肌肉僵直，甚至死亡
	硫	蛋氨酸、半胱氨酸、硫氨酸、生物素、胰岛素的组成成分，软骨组织的组成成分	体弱消瘦，摄食量下降

续表

种类		作用	缺乏症状
微量元素	铁	血红蛋白和一些酶的组成成分	贫血,生长不良
	锌	许多酶的辅基,参与核酸和蛋白质代谢,调节细胞繁殖,对维持消化系统和皮肤健康起重要作用	生长受阻,导致掉鳞、烂鳍、白内障等
	铜	合成血红蛋白必需的物质,是细胞色素、细胞色素氧化酶和多酚氧化酶的组成成分	贫血,骨骼生长不良,心力衰竭,掉鳞,体色异常等
	碘	甲状腺的组成成分,参与几乎所有的物质代谢	代谢率下降,躯干短小,鳞少皮厚,皮下黏液性水肿
	钴	维生素 B_{12} 的组成成分,刺激骨髓造血功能	食欲不振,消瘦,贫血
	锰	主要存在于动物肝脏中,参与骨骼的形成和色素细胞、胆固醇、性激素、凝血酶的合成	佝偻病,性发育障碍,不育,骨骼变形弯曲,肌肉水肿、痉挛,甚至死亡
	钼	黄嘌呤、氧化酶、氢化酶和还原酶的辅助元素	生长缓慢
	铬	参与胶原的形成和调节葡萄糖代谢率	未定
	氟	组成骨骼的微量元素	未定
	硒	谷胱甘肽过氧化物酶的组成成分,具有抗氧化作用	肌肉营养不良,白肌症

5. **维生素**

维生素是鱼体内物质代谢中必不可少的特殊营养物质。它既不是构成身体结构的物质,又不能提供能量,但参与鱼体新陈代谢的调节,控制鱼的生长发育过程,提高机体的抗病能力。

维生素分为脂溶性维生素和水溶性维生素两大类。维生素 A、维生素 D、维生素 E、维生素 K 属于脂溶性维生素,伴随脂肪而被吸收,并且可以储存在鱼体脂肪内,在鱼体内不能合成。维生素 B_1、维生素 B_2、维生素 B_6、泛酸、烟酸、生物素、叶酸、维生素 B_{12}、胆碱、肌醇、维生素 C 属于水溶性维生素,它们不能在鱼体内储藏,所以需要不断地从饲料

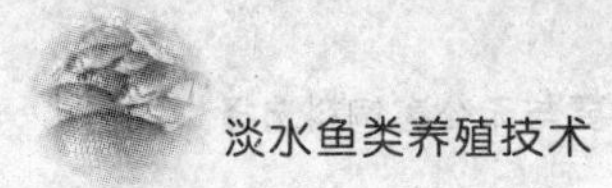

中摄取。

维生素在动物体内含量虽然很少，但是不可或缺。缺乏维生素的鱼会患各种疾病。缺少维生素 A，会降低对传染病的抵抗力，致使水肿，肾出血，影响生长等；缺少维生素 D_3，影响鱼类骨骼钙化，并引起维生素 A、不饱和脂肪酸氧化，导致其他疾病发生；缺少维生素 K，血液不易凝固，产生内出血；缺少维生素 B_1，造成鱼体畸形，神经炎，消化系统紊乱；缺少维生素 B_6，产生水肿、皮炎、眼球突出、运动失常、增重减慢；缺少维生素 C 影响骨骼发育及生长；缺少烟酸，则产生贫血，消化道障碍，神经功能受阻；缺少胆碱，脂肪代谢就会受阻，患脂肪肝。我国主要鱼类的维生素需要量可参考表 4－4。

表 4－4　几种养殖鱼类的维生素需要量

维生素	青鱼			鲤鱼	团头鲂	草鱼		
	当年鱼种	1 冬龄	2 冬龄	1 冬龄	2 冬龄	当年鱼种	1 冬龄	2 冬龄
维生素 B_1(毫克)	5.0	5.0	5.0	5.0	20.0	20.0	20.0	20.0
维生素 B_2(毫克)	10.0	10.0	10.0	10.0	10.0	10.0	10.0	10.0
维生素 B_6(毫克)	20.0	20.0	20.0	20.0	10.0	10.0	10.0	10.0
烟酸(毫克)	50.0	50.0	50.0	50.0	50.0	50.0	50.0	50.0
泛酸钙(毫克)	20.0	20.0	20.0	20.0	20.0	20.0	20.0	20.0
叶酸(毫克)	1.0	1.0	1.0	1.0	1.0	1.0	1.0	1.0
氯化胆碱(毫克)	500	500	500	500	500	500	500	500
抗坏血酸(毫克)	50.0	50.0	50.0	50.0	50.0	50.0	50.0	50.0
维生素 B_{12}(毫克)	0.01	0.01	0.01	0.01	0.01	0.01	0.01	0.01
维生素 A(单位)	5000	5000	5000	5000	5000	5000	5000	5000
维生素 D(单位)	1000	1000	1000	1000	1000	1000	1000	1000
维生素 E(单位)	10.0	10.0	10.0	10.0	10.0	10.0	10.0	10.0
维生素 K(单位)	3.0	3.0	3.0	3.0	3.0	3.0	3.0	3.0

注：按每千克饲料中的含量计算

（二）渔用饲料原料

饲料是饲养动物的物质基础，它的原料绝大部分来自植物，部分来自动物、无机盐和微生物。根据国际饲料分类法，饲料原料可以分成八大类，具体分类如表 4－5 所示。

表 4－5　国际饲料分类法

类　别	编　码	条件及主要种类
粗饲料	100000	粗纤维占饲料干重 18%以上者，如干草类，农作物秸秆
青绿饲料	200000	天然水分在 60%以上的青绿植物，树叶及非淀粉质的根茎、瓜果，不考虑其折干后的粗蛋白和粗纤维含量
青贮饲料	300000	用新鲜的天然植物性饲料调制成的青贮料，及加有适量的糠麸或其他添加物的青贮料，和水分在 45%～55%的低水分青贮料
能量饲料	400000	饲料干物质中粗蛋白小于 20%，粗纤维小于 18%者，如谷实类、麸皮、草籽、树实类及淀粉质的根茎瓜果类
蛋白质饲料	500000	饲料干物质中粗蛋白大于 20%，粗纤维小于 18%者，如动物性饲料、豆类饼粕类及其他
无机盐饲料	600000	包括工业合成的、天然的单一无机盐饲料，多种无机盐，混合的无机盐饲料及加有载体或稀释剂的无机盐添加剂
维生素饲料	700000	指工业合成或提取的单一维生素或复合维生素，但不包括含某种维生素较多的天然饲料
非营养性添加剂	800000	不包括矿物质元素、维生素、氨基酸等营养物质在内的所有添加剂，其作用不是为动物提供营养物质，而是起着帮助营养物质被消化吸收、刺激动物生长、保证饲料品质、提高饲料利用率和水产品质量的物质

1. 粗饲料

粗饲料为粗纤维含量高、体积大、难消化、可利用养分少，但来源

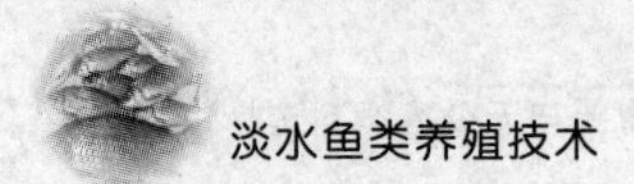

广泛的一类饲料。主要包括干草类和稿秕饲料。

粗饲料的营养特点是：粗纤维含量高，占干物质的20%～24%，故能量价值低；无氮浸出物含量高，且半纤维素多，淀粉和糖类少，故消化率低；蛋白质含量低，仅占干物的3%～4%；维生素含量低，但维生素D含量高；灰分中硅酸盐含量高，钙多磷少，可补足能量饲料、蛋白质饲料中钙少磷多的缺陷。

2. 能量饲料

(1) 谷实类。谷实类指禾本科植物成熟的种子，如玉米、大麦、高粱等。其特点是含糖量很高，可占干物质的66%～80%，其中3/4为淀粉。蛋白质含量较低，一般为8%～13%，品质较差。脂肪含量2%～5%。磷含量虽然有0.31%～0.41%，但利用率低。大多数B族维生素和维生素E含量丰富，维生素A、维生素D含量缺乏。

(2) 糠麸类。

1) 小麦麸。粗蛋白含量为13%～16%，粗脂肪为4%～5%，粗纤维为8%～12%，与谷实类相比，麸皮含有更多的B族维生素，是鱼类常用饲料源之一，但用量多会降低饲料的黏结性。小麦麸易生虫，应加强仓储管理，及时使用。

2) 米糠。其粗蛋白、粗脂肪、粗纤维含量分别为13.8%、14.4%、13.7%，含脂肪高，极易氧化，故米糠应新鲜用，否则须加入抗氧化剂。

3) 饲用油脂。

饲用油脂是一类成分较单一的物质，生产上使用较多的是植物油和油脚。植物油和鱼油中多含不饱和脂肪酸，易氧化，故应加入抗氧化剂，妥善存放，对已发生严重酸败的油脂则不宜作饲料用。

3. 蛋白质饲料

蛋白质饲料按其来源可分为植物性蛋白质饲料、动物性蛋白质饲料和单细胞蛋白质饲料。

(1) 植物性蛋白质饲料。

1) 豆科籽实。它们的共同特点是蛋白质含量高(20%～40%)，蛋白质品质较好(赖氨酸含量较高)，而糖类含量较谷实类低。其中大

豆糖类含量仅28%左右，蚕豆、豌豆含糖量(淀粉)较高，为57%～63%。此外，豆科籽实维生素含量丰富，磷的含量也较高。但豆科籽实均含有一些抗营养因子或毒素，需要加热处理使其灭活。豆科籽实赖氨酸含量丰富，但蛋氨酸含量较低，因此在使用时宜与其他蛋白质饲料搭配起来。豆科籽实饲料中磷含量虽较高，但2/3以上均是以植酸磷的形式存在，有效磷仍显不足。

2）油饼、油粕类。油饼、油粕类是油料籽实及其他含脂量较高的植物籽实提取油脂后的残余部分。在我国资源量较大的有大豆饼粕、棉籽饼粕、花生饼粕等。其蛋白质含量高，且残留一定的油脂，因而营养价值较高。

① 豆饼、豆粕：豆粕是大豆经压榨后，用溶剂浸出提取油后的残渣，粗蛋白含量高达42%～48%；豆饼是大豆经机械压榨取油后的残渣，粗蛋白的量为39.8%～42%。它们赖氨酸含量丰富，蛋氨酸含量较低，蛋氨酸为豆饼的第一限制性氨基酸。大豆饼粕的营养价值比其他植物饼粕类高，而且适口性好，氨基酸组成较平衡，消化率也高，因此大豆饼粕是养鱼的上好饲料。但大豆饼粕热处理不够时，含有较强的抗营养因子。

② 棉籽饼粕：棉籽饼粕是棉籽去壳、去绒取油后的残渣。粗蛋白含量为27%～42%，蛋白质的消化率为80%以上。精氨酸、苯丙氨酸含量较多，其他氨基酸含量均低于鱼类的生长需要。棉籽饼粕中含有棉酚等有毒物质，在鱼的配合饲料中用量在15%以内时，可不经去毒处理直接利用。

③ 菜籽饼粕：菜籽饼粕是油菜籽榨取油后的残渣。粗蛋白含量为30%～38%，但蛋白质消化率较豆饼和棉籽饼粕低，如草鱼对菜籽饼的消化率仅为69%，氨基酸构成方面与棉籽饼相似，赖氨酸、蛋氨酸含量和利用率较低。由于菜籽饼中含有一系列毒素或抗营养因子，为了避免中毒，一般限量使用(用量宜控制在20%以下)，并加强搭配(与鱼粉、豆饼配合使用)或添加赖氨酸。

④ 葵花籽饼：去壳较完全的葵花籽饼含粗蛋白35%～38%，带壳的葵花籽饼粗蛋白含量仅22%～26%，蛋白质中蛋氨酸含量高于大豆

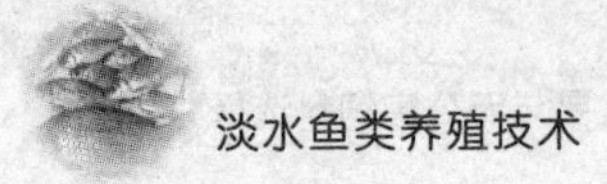

饼，达1.6%。葵籽饼适口性好，蛋白质消化率高，但多为带壳产品，粗纤维含量较高，因此用量也不宜过大。

⑤ 花生饼：去壳花生饼粗蛋白含量一般在26%～28%，带壳的花生饼粗蛋白的含量低(18%左右)，粗纤维含量高(15%)，因此饲用价值低。花生饼的蛋白质品质较好，其蛋白质消化率可达91.9%，虽然蛋氨酸、赖氨酸略低于大豆饼，但组氨酸、精氨酸含量丰富。

(2) 动物性蛋白质饲料。优质动物性蛋白质饲料包括鱼虾、贝类、水产副产品和畜禽产品等，一般含有较高蛋白质，多在30%以上，而且它的各种氨基酸既平衡又丰富。另外它的维生素A、维生素D、B族维生素都较多，钙磷含量较适合，是理想的蛋白质饲料。但某些种类含脂肪量较多，如肉粉、蚕蛹，容易酸败变质，应经脱脂处理。

1) 鱼粉。鱼粉蛋白质含量高，一般为55%～70%，是一种公认的优质蛋白质饲料。蛋白质中各种必需氨基酸齐全，且含有较高的蛋氨酸和赖氨酸，B族维生素含量丰富，无机盐中钙、磷、铁含量丰富。购买鱼粉时应注意鱼粉的质量，避免掺假。除用感官检验其色泽、气味、质感外，还要用化学方法监测其粗蛋白、粗脂肪、水分、盐分、灰分、沙分等，并针对掺假现象，检查其有无掺入尿素、猪血粉、羽毛粉、贝壳粉及饼粕、谷物类等。

关于鱼粉的质量标准，可参考表4-6和表4-7。

表4-6　国产鱼粉标准

项　目	一级品	二级品	三级品
颜色	黄棕色	黄褐色	黄褐色
气味	具有正常气味、无异臭及焦灼味	具有正常气味、无异臭及焦灼味	具有正常气味、无异臭及焦灼味
颗粒细度	至少98%通过筛孔宽度为2.8毫米的标准筛网	至少98%通过筛孔宽度为2.8毫米的标准筛网	至少98%通过筛孔宽度为2.8毫米的标准筛网
蛋白质(%)	>55	>50	>45

续表

项　目	一级品	二级品	三级品
脂肪(%)	＜10	＜12	＜14
水分(%)	＜12	＜12	＜12
盐分(%)	＜4	＜4	＜5
沙分(%)	＜4	＜4	＜5

表 4－7　1983 年我国进口鱼粉合同的质量要求(%)

指标	粗蛋白	粗脂肪	水分	矿物盐分	沙分
智利	67	12	10	3	2
秘鲁	65	10	10	6	2
秘鲁 *	65	13	10	6	2

* 加抗氧化剂

2）肉粉、肉骨粉。粗蛋白的含量可达 30%～64%，蛋白质消化率取决于原料加工方法，一般为 60%～90%。含脂量高，易氧化酸败。

3）血粉。血粉粗蛋白可达 80%以上，赖氨酸丰富，适口性差。蛋白质消化率和赖氨酸利用率只有 40%～50%，氨基酸比例不平衡。

4）羽毛粉。粗蛋白含量在 80%以上，但蛋白质中也含较多的二硫键，溶解性差，不能为动物消化吸收。

5）蚕蛹。干蚕蛹蛋白质含量可达 55%～62%，消化率一般在 80%以上，赖氨酸、色氨酸、蛋氨酸等必需氨基酸含量丰富。脂肪含量高，不易贮藏。如大量投喂变质蚕蛹，则鲤鱼会出现典型的“瘦背病”，虹鳟表现为贫血。

6）乌贼及其他软体动物内脏。含蛋白质 60%左右，氨基酸配比良好，含脂肪 5%～8%，诱食性良好，为良好的饲料源。

(3) 单细胞蛋白饲料。单细胞蛋白又称微生物饲料，主要包括单细胞藻类、酵母类和细菌类，一般含蛋白质 42%～55%，含量接近动物蛋白质，消化率一般在 80%以上，赖氨酸、亮氨酸丰富，此外还有一些

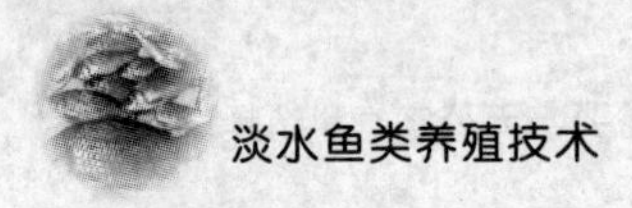

生理活性物质。

4. 矿物质饲料

渔用饲料中各种矿物质元素是以无机盐的形式添加到配合饲料中去的，这些矿物质必须用载体和稀释剂稀释。矿物质添加剂的常用载体有二氧化硅、纤维素或磷酸氢钙。目前使用的混合矿物质配方有美国全国研究理事会(NRC)1997年提出的温水鱼饲料混合矿物质配方(表4-8)和日本荻野研究的混合盐配方(表4-9)。

表4-8 美国NRC温水鱼饲料混合矿物质配方

(单位：克/千克干饲料)

矿物盐	分子式	含量	矿物盐	分子式	含量
碳酸钙	$CaCO_3$	7.5	硫酸铜	$CuSO_4 \cdot 5H_2O$	0.06
磷酸氢钙	$CaHPO_4 \cdot 2H_2O$	20.0	硫酸亚铁	$FeSO_4 \cdot 7H_2O$	0.5
磷酸二氢钾	KH_2PO_4	10.0	碘酸钾	KIO_3	0.002
氯化钾	KCl	1.0	硫酸镁	$MgSO_4$	3
氯化钠	NaCl	7.5	氯化钴	$CoCl_2$	0.0017
硫酸锰	$MnSO_4 \cdot 4H_2O$	0.3	钼酸钠	$NaMoO_4$	0.0083
硫酸锌	$ZnSO_4 \cdot 7H_2O$	0.7	亚硒酸钠	Na_2SeO_3	0.0002

表4-9 日本荻野研究的混合矿物质配方

矿物质	分子式	含量(%)	微量元素混合物组成		
			矿物质	分子式	含量(%)
氯化钠	NaCl	1	硫酸锌	$ZnSO_4 \cdot 7H_2O$	35.3
硫酸镁	$MgSO_4$	15	硫酸锰	$MnSO_4 \cdot 4H_2O$	16.2
磷酸二氢钠	NaH_2PO_4	25	硫酸铜	$CuSO_4 \cdot 5H_2O$	3.1
磷酸二氢钾	KH_2PO_4	32	氯化钴	$CoCl_2 \cdot 6H_2O$	0.1
过磷酸钙	$Ca(H_2PO_4)_2 \cdot H_2O$	20	碘酸钾	KIO_3	0.3
氢氧化铁	$Fe(OH)_3$	2.5	纤维素	$(C_6H_{10}O_5)_n$	45.0

续表

矿物质	分子式	含量(%)	微量元素混合物组成		
			矿物质	分子式	含量(%)
乳酸钙	$C_6H_{10}CaO_6$	3.5			
微量元素混合物		1			
合计		100	合计		100

5. 维生素饲料

鱼类生长对维生素的需要量比较复杂，我国在维生素配方方面研究较少，绝大部分来自国外。表4-10为常用渔用复合维生素配方。

表4-10　常用渔用复合维生素配方

（单位：毫克/千克干饲料）

研究者	哈尔弗(1957)	长野配方(1974)		Andrens(1963)	
对象鱼	鲑鳟	虹鳟	鲤鱼	鲶鱼	斑点叉尾鮰
维生素 B_1	12	10	5	3.8	20
维生素 B_2	40	30	10	19.3	20
维生素 B_6	8	7	30	3.8	20
氯化胆碱	1600	700	500	125	550
α-氨基苯甲酸	80	70	30	—	—
泛酸钙	56	40	20	—	—
维生素 B_5	160	100	30	19.5	100
肌醇	800	100	50	—	—
维生素 B_7	1.2	0.5	0.2	0.13	0.1
维生素 B_{11}	3	3	1	0.36	—
维生素 B_{12}	—	—	—	0.008	—
维生素 C	400	100	10	5	50
维生素 A(国际单位)	4400	5000	4400	3000	5000

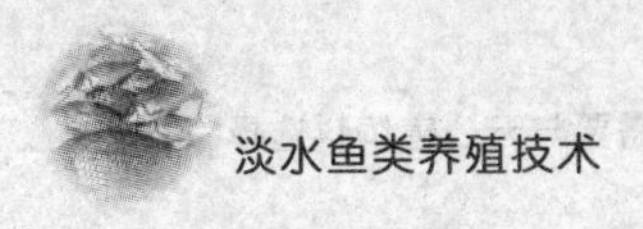

续表

研究者	哈尔弗(1957)	长野配方(1974)		Andrens(1963)	
维生素 D_3(国际单位)	8802	1000	880	825	1000
维生素 E	80	30	50	24 国际单位	50 国际单位
维生素 K_3	8	1	1		10

以上配方中,哈尔弗配方用于基本饲料中不含维生素时,故用量偏大,价格较高,如果基本饲料中含维生素应适当减少用量。氯化胆碱添加量较大,氯化胆碱易吸潮且有很强的碱性,易破坏维生素 A、维生素 D、维生素 K 和胡萝卜素的稳定性,故必须单独使用,且现用现配。泛酸钙、维生素 B_5 和维生素 C 相互影响,故也必须单独使用,一般选用麸皮、脱脂米糠等作为维生素载体或吸附剂。先预混、拌匀或直接作粉剂添加,也可制成微型胶囊状和油状添加。由于各种维生素不稳定,故一般是用它们的商品形式来投喂使用。

6. 饲料添加剂

根据添加的目的和作用机理不同,可将饲料添加剂分成两大类,即营养性添加剂和非营养性添加剂。

营养性添加剂有氨基酸、维生素和无机盐等。配合饲料所用的主要原料鱼粉、饼粕及玉米等,所含赖氨酸、蛋氨酸较少,某些无机盐缺乏,维生素在加工和贮藏中容易破坏,因而加工制造渔用配合饲料时加入营养性添加剂是必要的。

非营养性添加剂根据使用目的可分为以下几类:

① 促生长剂。主要作用是通过刺激内分泌,调节新陈代谢,提高饲料利用率来促进动物生长,常用的有喹乙醇、正三十烷醇等。

② 防霉剂。作用是抑制霉菌代谢和生长,延长饲料保存期。常见的有丙酸、丙酸钠、丙酸钙、山梨酸等,生产中常用的是丙酸和丙酸钙,用量为饲料的 0.1%~0.3%。

③ 抗菌剂。主要用于防治鱼虾由细菌引起的疾病,常用的抗生素有土霉素、氯霉素(用量是每千克鱼日服 50 毫克)、呋喃唑酮(每千

克鱼日服100～200毫克)、氟哌酸(每千克鱼日服5～10毫克)。

④ 抗氧化剂。主要作用是防止饲料中油脂及维生素的氧化。常用的有乙氧基喹啉、丁基羟基甲氧苯和二丁基羟甲苯(三者一般在饲料中添加0.01%～0.02%)三种,维生素E和维生素C也有抗氧化作用。

⑤ 诱食剂。它的作用是提高配合饲料的适口性,引诱和促进鱼的摄食。比较常用的诱食物质主要是含氮化合物,如氨基酸苷酸和三甲胺内脂。

⑥ 黏合剂。使用目的是提高饲料成型率,减少粉尘损失,提高颗粒牢固程度及在水中的稳定性。通常的有羟甲基纤维素、陶土、木质素磺酸盐、聚甲基脲、聚丙酸钠、藻酸钠、α-淀粉以及一些树脂类化合物。

(三)渔用配合饲料使用技术

渔用配合饲料养殖效果受诸多因素的影响,饲料投入水中,再进入鱼体内,最终以粪便形式排出,经过了多个环节,饲料使用效果一般体现在饲料系数上,饲料系数为投入水中的配合饲料重量与鱼体增重量的比例,一般淡水鱼类的全价配合饲料系数为1.2～2.5,即1.2～2.5千克饲料长1千克鱼。除了饲料质量为饲料系数的重要影响指标外,在实际生产中影响饲料系数的因素很多,如水温、水质、投喂技术、鱼类病害等。

1. 影响渔用配合饲料使用效果的因素

(1) 饲料营养水平。饲料是鱼类生长的物质基础,鱼类所需蛋白质、脂肪、碳水化合物、矿物质、维生素等各项营养物质,必须由配合饲料提供,若营养不全或水平不够,就会影响鱼类的生长,从而降低饲料利用率,饲料系数就会明显提高。

(2) 饲料的加工质量。渔用配合饲料是投入水中后才能被鱼类所利用,所以饲料的耐水性就显得非常重要,饲料耐水性差,在水中溶解速度快,就会使饲料在未被鱼类摄食之前就散失于水中,浪费饲料,增高饲料系数。另外,饲料黏性差,在装车和运输过程中颗粒破碎,造成粉料比例增加,而粉料投喂在水中不能被吃食性鱼类所摄食,造成

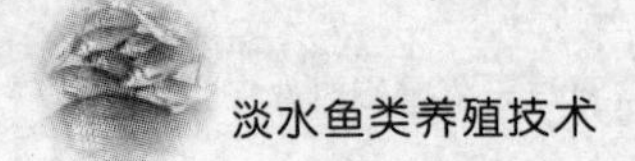

浪费，这也会增加饲料系数。

(3) 水质。

1) 溶解氧。水中溶解氧是影响鱼类摄食能力和消化吸收率最为主要的环境因素之一。一般鱼类在5毫克/升以上时摄食旺盛，消化吸收率也高；而低于3毫克/升时，鱼类摄食能力明显减弱，若出现浮头和泛塘，鱼类就基本停食，消化功能也降至最低，饲料系数就会增高。缺氧时间越长，次数越多，饲料的使用效果就越差。

2) 水温。鱼类的生长有一定的适宜水温范围，在适宜的水温范围内，随着水温的升高，鱼类的摄食能力加强，消化吸收率提高，生长速度加快，所以饲料效率提高，饲料系数降低。过低水温或过高水温对鱼类的生长都不利，也都会影响鱼类的摄食和饲料的利用。另外，在短时间内水温变化幅度较大，也会影响鱼类生长。

3) pH。鱼类正常生长需要一定的pH范围，一般淡水鱼类适宜的pH为6.5～8.5，过高、过低都会影响鱼类生长、代谢和其他生理活动，在实际生长中pH经常会有变化，如生石灰、漂白粉清塘消毒都会使水体pH偏高，从而影响鱼类摄食和饲料利用率。

(4) 鱼类健康状况。在饲养过程中鱼类不生病或很少生病就能够很好地生长，在鱼类生病或经常生病状态下，鱼类的生理功能下降，消化吸收能力下降，摄食少。即使摄食，消化吸收率也比较低，这样饲料系数就会明显提高。同时，在生病期间，需不断用药、消毒以杀灭病原，消毒剂对鱼类也有刺激或毒副作用，也会影响鱼类的摄食和生长。

2. 渔用配合饲料的投喂技术

包括投喂量控制、投喂时间、投喂频率、经验等。另外，是否使用投喂机也是一个影响因素。

(1) 日投喂率。以吃八成饱为宜，即在80%的养殖鱼已经吃饱、离去或在周边漫游，没有摄食欲望时，停止投喂，用此法确定每次投喂量比较实际，其优点如下：一是可靠性强。由于鱼存量抽样存在误差，可造成日投喂量的计算失误，如实际投喂量与日投喂量相差较大，可能是计算的投喂量不准确而造成；二是可以减少饲料损失。掌握好“八成饱”的投喂原则，不仅能提高鱼的食欲，而且可减少饲料损失，降

低养殖成本;三是可以提高饲料的消化吸收率。鱼摄食过饱,饲料营养成分的吸收率低,消化不彻底;若投喂量太少,鱼会因饥饿而不停地觅食,影响鱼的生长。实践证明"八成饱"时饲料营养成分的消化吸收率最好。

(2) 投喂频率。当日投喂量确定后,在一天内分多次投喂,并以少量多次为原则,这样可避免因一次性投喂过多而发生饲料沉底、外溢浪费等现象。但如果投喂次数过多,也会使日投喂量过于分散而引起鱼群争食过激,出现强者饱食、弱者挨饿,造成鱼群生长不均匀的现象。

(3) 定时定点投喂。定时投喂可以驯化鱼类摄食行为,规范鱼类消化道的消化作用节奏,为消化道正常有节律、高效运行提供外部支持;也能保证饲料充分被鱼类摄食,减少在水中的散失,提高饲料利用率。

投喂地点一般集中、固定,这样可以使鱼类集中采食,减少浪费。但有的种类不喜集群,摄食时相互抢食争斗,甚至自相残杀,消耗体能,降低饲料利用率,所以投喂时就应分散,投喂面积适当扩大。研究发现,集群习性鱼类一旦集群,与单独或少数个体相比,平均每尾耗氧量反而减少;若把不是集群性的鱼集结成群,氧消耗量则增加。

3. 渔用配合饲料投喂注意事项

基本原则为"四定"投喂原则,在此基础上,需根据养殖对象、水体环境、养殖目标等选择适合的饲料和投喂方法。

(1) 根据溶解氧来控制投喂量。水中的溶解氧是鱼类最主要的环境影响因子,它的多少直接影响鱼类的摄食和鱼类对食物的消化吸收能力。水中溶解氧丰富(5 毫克/升以上),鱼类摄食能力强,消化吸收率高,这时应多投喂,以满足鱼类的生理和营养需要。在阴雨、高温天气和高密度养殖情况下,池塘缺氧,尤其在出现浮头现象时,应注意要少投喂或不投喂,以免造成饲料浪费和水质污染。

(2) 根据水温来调整投喂率。所谓投喂率就是每天投喂量占鱼体重量的比例,投喂率与水温、鱼类品种和个体大小等有关,尤其是随着水温升高、季节变化,投喂率也应随之进行调整。以鲫鱼为例,水温在 15℃时开始摄食(3～4 月),这时投喂率为 0.5%～1%;当水温达 18～22℃时,投喂率上升至 1%～2%;当水温在 22～30℃时,随水温增高，投喂率逐步升高，为2%～3.5%。当然，平时投喂率大小除依据水温外，还需根据当时的实际情况，如天气、鱼病等进行相应调整。

（3）投喂频率的确定。投喂频率即每天投喂的次数，一般也根据鱼类品种、大小等因素确定。鱼苗期投喂次数多于成鱼期，无胃鱼投喂次数多于有胃鱼（因为无胃鱼如草鱼、团头鲂、鲤鱼、鲫鱼等摄食的饲料由食道直接进入肠内消化，一次容纳的食物量远不及肉食性的有胃鱼），低温季节投喂次数少。在实际生产中，投喂次数过少，鱼类处于饥饿状态，营养得不到及时补充，会影响生长；投喂频率过高，食物在肠道中的消化吸收率降低，影响营养物质充分利用，造成饲料浪费，污染水质，使得饲料系数提高，影响饲料使用效率。

（4）投喂速度的控制。投喂饲料一般以两头慢、中间快为好，先慢是为了将鱼引过来，然后再加快投喂速度，后期再放慢投喂速度以免饲料落入水底，造成浪费。在驯化投喂时，也是先慢后快，先少后多，先集中投于点，后扩大至面。投喂时间与池塘内鱼类多少有关，存塘量大，投喂时间就相对长一些。另外，还与鱼类品种有关，如草鱼吃食速度快于鲤鱼，而鲤鱼又快于鲫鱼、鳊鱼。

（5）防病治病时饲料的投喂。池塘泼洒药物进行消毒时，应注意适当少投喂饲料，因消毒药不仅对病原有毒杀作用，对鱼类也有毒害作用，也会造成鱼类轻微中毒，使其摄食能力下降。投喂药饵前一天应减少投喂量，或停止投喂，使鱼类处于饥饿状态，增强鱼类对药饵的摄食能力，有利于药饵被充分利用，从而提高预防和治疗效果。

（6）根据实际情况适度停喂。在实际生产中，经常会出现高温、阴雨、鱼病、水质恶化、鱼类浮头等不正常现象。在这种情况下，一般鱼类摄食能力均会下降，甚至停止摄食，这时应停止投喂或减少投喂，待条件改善后再进行投喂，这样既可以减少饲料浪费，又可避免水质进一步恶化，从而避免泛塘。另外，鱼类停食1天或更长时间，在短期可能影响它们的生长，但从长期来看，并没有较大影响，因为鱼类有一种补偿生长现象，如前段时间停止生长，则后期可以加速生长。

五、淡水鱼类人工繁殖技术

（一）"四大家鱼"人工繁殖技术

青鱼、草鱼、鲢鱼、鳙鱼是我国特有的大型淡水经济鱼类，俗称"四大家鱼"，属江湖洄游敞水性产卵繁殖的类群。"四大家鱼"是我国主要养殖鱼类，鲢鱼、鳙鱼、草鱼的产量分别占我国淡水鱼产量的第一、第二、第三位。除"四大家鱼"外，鲮鱼也是敞水性产卵的鱼类，其卵为漂流性卵，和"四大家鱼"的繁殖生态要求和繁殖技术相似。

1. 亲鱼选择

用于产卵的鱼称为亲鱼，它是人工繁殖的基础。亲鱼品质优劣，直接关系到所产鱼卵及育出苗种的质量。

（1）种质选择。用于产卵的亲鱼，必须是年龄适宜、体质健壮、无病、无害、性能力旺盛的青壮龄群体。更重要的是雌、雄鱼血缘关系要远，以防近亲繁殖。生产上往往采用以下方法获得优质亲鱼：一是对鱼类进行提纯复壮，从鱼苗到成鱼养殖的每一个阶段，都要进行严格挑选，选择生长快、体形大、不同批次、不同产地、抗病能力强的个体作为亲鱼；二是异地交换，可以与附近亲鱼来源不同或生态条件差异较大的渔场定期交换亲鱼，这样可以有效地改善苗种质量；三是引进天然原种，直接到长江、珠江流域去购买或直接从江中捕捞天然苗种回来，自己育成亲鱼。近年来，在许多家鱼原产地兴建了一大批原种场，专门培育原种苗种。到原种场定购原种，培育成亲鱼，可提高家鱼的种质，保证商品鱼养殖成功。

（2）性成熟年龄和体重。同种同龄鱼由于生长环境不同，生长速度有明显差异，但性腺发育速度却基本一致，证明性成熟并不只受体重影响,更主要受年龄的制约。掌握这些规律,对挑选适龄、个体硕大、生长良好的亲鱼至关重要。我国幅员辽阔,南北方地区家鱼性成熟年龄相差颇大,南方地区成熟较早,个体较小;北方地区成熟较迟,个体较大。不论南方还是北方,雄鱼都较雌鱼早成熟1年(表5-1)。

表5-1 池养家鱼性成熟年龄及体重

种类	华南(两广)地区		华东(江浙两湖)地区		东北(黑龙江)地区	
	年龄(年)	体重(千克)	年龄(年)	体重(千克)	年龄(年)	体重(千克)
鲢鱼	2～3	2左右	3～4	3左右	5～6	5左右
鳙鱼	3～4	5左右	4～5	7左右	6～7	10左右
草鱼	3～4	4左右	4～5	5左右	6～7	6左右
青鱼			7	15左右		
鲮鱼	3	1左右				

2. 亲鱼培育

亲鱼是鱼类人工繁殖的物质基础,亲鱼培养得好坏,直接影响其性腺的成熟度、催产率、鱼卵的受精率以及孵化率。只有培育出性腺良好的亲鱼,注射催产剂后才能完成产卵受精的过程。整个亲鱼培育的过程,就是创造一个能够使亲鱼性腺得到良好发育的饲养管理过程。

(1) 亲鱼培育池。亲鱼培育池是亲鱼生活的环境。池塘条件如位置、面积、底质、水质、水深都会直接或间接影响亲鱼的生长发育。亲鱼池要靠近水源,水源水质良好,注排水方便,环境开阔向阳、交通便利、安静,产卵池和孵化场所的位置应靠近。亲鱼池面积以3～5亩为宜,不宜过大,因为面积大了,水质不易控制,而且同塘亲鱼多,只能分批产,而在亲鱼性腺成熟期间多次拉网对产卵是很不利的。池塘水深以1.5～2.5米为宜。池底应平坦,具有良好的保水性。鲢鱼、鳙鱼的池底以壤土并稍带一些淤泥为佳,草鱼、青鱼以沙壤土为好,池底应少含或不含淤泥。亲鱼池每年清塘一次,清塘的工作内容包括清除池底过多的淤泥、加固池埂、割除杂草、清除野杂鱼、杀死敌害生物和细

菌并改良水质。

(2) 亲鱼放养。主养鲢鱼亲鱼的池塘，每亩放养 100～150 千克；主养鳙鱼亲鱼的池塘，每亩放养 80～100 千克；主养草鱼亲鱼的池塘，每亩放养 150～200 千克；雌、雄配比为 1∶1～1.25。青鱼每亩放养 8～10尾，总重量在 200 千克以内，雌、雄配比为 1∶1。一般采用主养亲鱼和不同种的后备亲鱼混养方式。主养鲢鱼亲鱼的池塘，每亩搭养鳙鱼后备亲鱼 2～3 尾。主养鳙鱼亲鱼的池塘不搭养鲢鱼，为了清除鲢、鳙亲鱼池中的水草、螺蛳和野杂鱼，可搭养适量草鱼、青鱼和其他肉食性鱼类。主养草鱼亲鱼的池塘，每亩搭养鲢鱼后备亲鱼或鳙鱼后备亲鱼 3～4 尾，肉食性鱼类（鳜鱼、乌鳢、翘嘴红鲌等）2～3 尾，螺蛳多的可搭养 2～3 尾青鱼。主养青鱼的亲鱼池，每亩搭养鲢鱼亲鱼 4～6 尾或鳙鱼亲鱼 1～2 尾，不能搭养其他规格的小青鱼、鲤鱼、鲫鱼或其他肉食性和杂食性鱼类。主养鲮鱼亲鱼的池塘，每亩放养 1 千克/尾左右的鲮亲鱼 120～150 尾，另可搭养少量鳙鱼亲鱼或鳙鱼、草鱼的食用鱼。鲮鱼的亲鱼培育池不可搭养鲢鱼，因为两者食性相同，搭养鲢鱼在一定程度上会影响鲮鱼的生长发育。

(3) 饲养管理。亲鱼饲养的中心环节是投喂、施肥、调节水质和防病。根据不同季节亲鱼性腺发育特点和生理变化，可将亲鱼的培育划分为产后恢复期、秋冬培育期和春季培育期各阶段。

产后恢复期是从亲鱼产卵后至高温季节前，一般是从 5 月底至 7 月上旬（40 天左右），产卵后的亲鱼体质虚弱，身体上常带有伤，容易感染疾病，引起死亡。因此，要给鱼体涂搽或注射抗菌药物，还要加强营养，池水肥度要适中，溶解氧量要高，饲料要新鲜适口，经常冲水。暂养一段时间后，待亲鱼体质恢复，再分塘归类，调整放养比例。

秋冬培育期从 7 月中旬至翌年 2 月，这段时间较长，约 7 个月，是肥育和性腺发育的关键时期，因此饲料要充足，水质要肥。从 10 月份至翌年 2 月，是保膘时期，此时要适当施肥，培肥水质，加深池塘水位越冬。冬季在天气晴好时，适当投喂精饲料以保膘。

春季培育期从立春后至 5 月上旬，这时亲鱼性腺发育成熟的阶段，若管理得当亲鱼就有较强的繁殖能力，否则，性腺发育便会停滞，

甚至退化吸收。在这个阶段亲鱼所需的营养在数量和质量上都要超过其他时期,因此加强水、肥、饵科学管理,进行强化培育,能促进生殖腺发育,大大提高受精率、孵化率和成活率。当亲鱼繁殖结束后,应立即给予其充足和较好的营养,使其迅速恢复体力。

1）鲢鱼、鳙鱼亲鱼的饲养管理。鲢鱼、鳙鱼是肥水鱼,整个鲢、鳙亲鱼培育过程就是保持和管理水质的过程。放养前施用基肥,放养后根据季节和池塘具体情况施用追肥,其原则是少施、勤施、看水施肥,基肥一般使用有机肥,追肥可以使用有机肥或无机肥,鲢鱼池适宜施用绿肥混合人粪尿,鳙鱼池则以畜、禽类粪便为佳,在冬季和产前适当补充精饲料。

① 产后恢复期的饲养管理。产后亲鱼对缺氧的适应力很差,容易发生泛池死亡事故。要注意观察天气和池水的变化,看水施肥,多加新水,采用大水、小肥的培育形式。

② 秋冬培育期的饲养管理。入冬前加强施肥,培肥水质,入冬后再少量补肥,保持较浓的水色,可适当投喂精饲料,采用大水、大肥的培育形式。

③ 春季培育期的饲养管理。开春后降低池水深度,保持水深 1 米左右,以利于提高池水温度,培肥水质,适当增加施肥量,并辅以精饲料,采用小水、大肥的培育形式。

④ 产前培育期的饲养管理。随着亲鱼性腺的发育,对溶解氧要求提高,一旦溶解氧量下降,会发生泛池事故。因此,在产前 15～20 天,停止施肥,并要经常冲水,即采用大水、小肥过渡到大水、不肥的培育形式。

2）草鱼亲鱼的饲养管理。草鱼喜清瘦水质,培育期很少施肥,水色浓时要及时注入新水,或更换部分池水,防止亲鱼患病或浮头。在饲料投喂上应采用以青绿饲料为主、精饲料为辅的方法。青绿饲料中包括各种维生素和矿物质,是草鱼生殖细胞在成熟阶段所必需的,所以投喂青绿饲料,尤其是在春季培育期对草鱼亲鱼显得特别重要。青绿饲料的种类主要有麦苗、黑麦草、各类蔬菜、水草和旱草。精饲料的种类主要有大麦、小麦、麦芽、饼粕等。

① 产后恢复期的饲养管理。每天投喂2次,采用青绿饲料与精饲料相结合的投喂方式,上午投喂青绿饲料,下午投喂精饲料。青绿饲料用量以当天吃完为度,精饲料用量每尾亲鱼100克。

② 秋冬培育期的饲养管理。此时段全部投喂精饲料,每天每尾亲鱼25克左右,每2～3天投喂1次。

③ 春季培育期的饲养管理。清明后将培育池池水换去一半,加注新水,保持水深1.5米左右。每天投喂豆饼、麦芽,每天每尾亲鱼用量50～100克,同时要尽量使用黑麦草和其他陆草投喂,以防亲鱼摄食精饲料过多,脂肪积累过多,影响怀卵量。在临近产卵时要根据亲鱼的摄食情况,减少投喂量或停止投喂。在整个培育过程要经常冲水,冲水水量和频率要根据池水水质、鱼类摄食情况、季节等灵活掌握。产前几天要天天冲水,以保持池水清新是促进草鱼性腺发育成熟的主要技术措施之一。

3) 青鱼亲鱼的饲养管理。青鱼亲鱼饲养管理的核心也是投喂和调节水质。其饲养以投喂活螺蛳和蚌肉为主,辅以少量饼粕、大麦芽等,全年投喂活螺蛳和蚌肉至少应为亲鱼总体重的10倍左右。水质管理方法与草鱼亲鱼相同。

3. 产卵池的准备

产卵池设备包括产卵池、进出水设备、收卵网和网箱等。产卵池与孵化场所建在一起,且在亲鱼培育池附近,面积一般为60～100平方米,可放亲鱼4～10组(60～100千克),有良好的水源,排灌方便。形状为椭圆形或圆形,圆形产卵池收卵快,效果好,一般养殖场都采用圆形产卵池。

圆形产卵池采用单砖砌成,直径8～10米。池底由四周向中心倾斜,中心比四周低10～15厘米,池底中心设出卵口1个,上盖拦鱼栅,出卵口由暗管(直径25厘米左右)与集卵池相连,集卵池池底比出卵口低20厘米。出卵管伸出池壁10～15厘米,上可绑扎集卵网。集卵池末端设3～5级阶梯,每一个阶梯设排水洞1个,以卧管式排水,分级控制水位。产卵池设进水管1个,直径10～15厘米,与产卵池池壁切线成40°角左右。产卵池进水时,沿池壁注水,可使池水流转。

4. 产卵季节

春末至夏初是家鱼产卵的最适宜季节，产卵水温为18～30℃，而以22～28℃为最佳，这时催产率和出苗率最高。我国各地气候各异，水温回升时间不同，所以产卵时间亦不同。在华南地区适宜产卵时间为4月上中旬至5月中旬，长江中下游地区推迟1个月，华北地区在5月底至6月底，东北地区在7月上旬。

产卵顺序一般是草鱼和鲢鱼先行产卵，然后是鳙鱼和青鱼的产卵。为了正确判断产卵时间，通常在大批生产前1～1.5个月，对典型的亲鱼培育池进行拉网，检查亲鱼性腺，根据亲鱼性腺发育情况正确判断产卵时间和亲鱼产卵的前后顺序。

5. 人工催产

"四大家鱼"亲鱼经过精心培育后，性腺能发育到Ⅵ期末，在池塘养殖条件下亲鱼不能自然产卵，必须经过人工催产。催产过程包括注射催产剂和人工水流刺激，促使亲鱼性腺发育成熟并产卵、排精，完成整个生殖过程。

(1) 催产剂。目前我国广泛使用的催产剂主要有3种：即鱼类脑垂体素（简称垂体素或PG）、绒毛膜促性腺激素（简称绒膜激素或HCG）、促黄体生成素释放激素类似物（简称类似物或LRH－A）。此外，还有一些提高催产效果的辅助剂，如多巴胺排除剂（RES）、多巴胺拮抗物（DOM）等。

1) 脑垂体素（PG）一般为自制，常用鲤鱼脑垂体。

2) 绒毛膜促性腺激素（HCG）为市售成品，商品名称为"鱼用（或兽用）促性腺激素"。为白色、灰白色或淡黄色粉末，易溶于水，遇热易失活，使用时现用现配。它是从孕妇尿液中提取的，主要成分是促黄体素（LH）。

3) 促黄体生成素释放激素类似物（LRH－A）为市售成品，是人工合成的，目前市售的商品名称为鱼用促排卵2号（$LRH-A_2$）和鱼用促排卵素3号（$LRH-A_3$）。为白色粉末，易溶于水，具有副作用小、可人工合成、药源丰富等优点，现已成为主要催产剂。

（2）催产期和催产方法。催产期是指亲鱼从性腺成熟到开始退化之前的期限，一般只有15～20天，时间很短而且和水温有密切关系。在家鱼的催产期内，要时刻关注亲鱼的性腺成熟度和水温升降情况，抓紧时机进行配组产卵。从品种上看，水温上升至18℃以上，鲤鱼、鲫鱼开始繁殖，而后水温上升至22℃以上，先是鲢鱼，再是草鱼，后是鳙鱼相继开始繁殖。要掌握好催产剂的用量和注射方式，生产上常用一次或二次注射的方法。这两种方法都行之有效，但二次注射法的效应时间要稳定些，催产率和受精率也比一次注射法高，对青鱼一定要使用二次注射法（表5－2）。

（3）效应时间。从最后一次注射催产剂到排卵或产卵所需时间称为效应时间。效应时间与亲鱼性腺成熟度、水温以及催产剂种类、质量、用量、注射次数有关，同时也与亲鱼种类和年龄等因素有关。效应时间与水温呈负相关，水温高，效应时间短；水温低，效应时间长。一般情况下水温每升高1℃，效应时间相对缩短1～2小时。当水温在24～26℃时，一次注射的效应时间一般为9～12小时（如只用LRH－A，效应时间需延长至20小时左右），若二次注射（间隔6～12小时），假如超过催产适温范围，效应时间会有变化，将对亲鱼产卵和孵化不利。性腺成熟度好，产卵生态条件适宜，效应时间短；性腺成熟度差，产卵生态条件不适宜（如水中缺氧、水质污染等），往往延长效应时间，甚至导致产卵失败。鱼是变温动物，亲鱼发情产卵的效应时间受多种因素影响，其中主要因素是水温。因此，在生产上往往根据当时的水温情况来预测亲鱼的产卵时间。

（4）自然产卵受精。亲鱼注射催产剂后放入产卵池，经过一定时间，出现雄、雌亲鱼追逐、发情、产卵、排精现象，亲鱼发情后，开始产卵，每隔几分钟或几十分钟产卵1次，经过2～3次产卵后完成产卵过程，这种亲鱼自行产卵、排精、完成受精的过程，生产上称为自然产卵受精。整个产卵过程时间的长短，随鱼的种类、催产剂的种类和生态条件等不同而有所差异。让亲鱼在产卵池中完成自然产卵受精过程，要注意管理，观察亲鱼动态，保持环境安静，每2小时冲水1次，以防缺氧浮头，在预计效应时间前2小时左右，开始连续冲水，亲鱼发情约

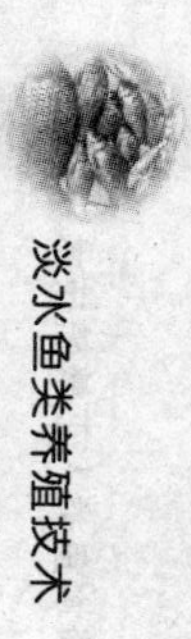

表 5-2　家鱼人工繁殖的主要催产指标

亲鱼	适合产卵年龄	适合产卵体重（千克）	适合产卵季节	一次注射法		二次注射法			
				雌亲鱼	雄亲鱼	第一针		第二针	
						雌亲鱼	雄亲鱼	雌亲鱼	雄亲鱼
青鱼	7 龄以上	10～20	5 月下旬至 6 月下旬	① PG5～8 毫克/千克体重； ② LRH-A 500 微克/千克体重； ③ LRH-A 80～100 微克/千克体重+PG(或 HCG)4～6 毫克/千克体重	雌鱼剂量的 1/2	总注射量的 1/10	总注射量的 1/4	剩余量	总注射量的 1/2
草鱼	4 龄以上（或 5 龄以上）	6 以上	5 月上旬至 5 月下旬	① PG3～5 毫克/千克体重； ② 早期 PG4 毫克/千克体重+HCG4 毫克/千克体重；中期 PG2～3 毫克/千克体重；晚期 PG2 毫克/千克体重+HCG2 毫克/千克体重； ③ LRH-A5～20 微克/千克体重	雌鱼剂量的 1/2	总注射量的 1/10	不注射	剩余量	总注射量的 1/2
鲢鱼	4 龄以上	4 以上	5 月上旬至 6 月上旬	① PG3～5 毫克/千克体重； ② HCG800～1200 单位/千克体重（1 毫克/千克体重）； ③ 早期 PG2～3 毫克/千克体重；中期 PG1～2 毫克/千克体重+HCG3 毫克/千克体重；后期 PG1 毫克/千克体重+HCG3 毫克/千克体重（或仅用 HCG3 毫克/千克体重）	雌鱼剂量的 1/2	总注射量的 1/10	不注射	剩余量	总注射量的 1/2

续表

亲鱼	适合产卵年龄	适合产卵体重（千克）	适合产卵季节	一次注射法		二次注射法			
						第一针		第二针	
				雌亲鱼	雄亲鱼	雌亲鱼	雄亲鱼	雌亲鱼	雄亲鱼
鳙鱼	5龄以上（或4龄以上）	7以上	5月中旬至6月上旬	早期PG4毫克/千克体重＋HCG4毫克/千克体重；中期PG2～3毫克/千克体重＋HCG3毫克/千克体重；晚期PG2毫克/千克体重＋HCG3毫克/千克体重	雌鱼剂量的1/2	总注射量的1/10	不注射	剩余量	总注射量的1/2
鲮鱼	3龄以上	1以上	4月中旬至5月上旬	① PG3～4毫克/千克体重； ② LRH－A400～1500微克/千克体重	雌鱼剂量的1/2	—	—	—	—

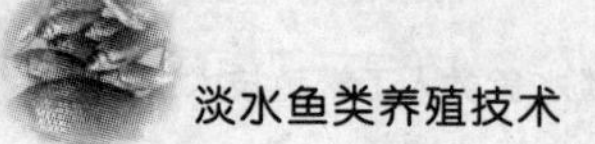

30 分钟后，要不时检查收卵箱，待鱼卵大量出现后，要及时捞卵，移送至孵化器中孵化。

(5) 人工授精。就是通过人为措施使精子和卵子结合在一起完成受精过程。在进行杂交育种时或在雄鱼少、鱼体受伤较重及产卵时间已过而未产卵的情况下，可采用此方法。人工授精的核心是保证卵子和精子的质量，要准确掌握效应时间，不能过早拉网挤卵，否则不仅挤不出卵，还会因为惊扰而造成亲鱼泄产，而时间过迟，错过了生理成熟期，鱼卵受精率低，甚至根本不能受精。鱼卵受精时间很短，质量好的受精卵在鱼体内只能维持 2 小时左右，如不及时产出就会成为过熟卵。因此，在人工授精时要根据鱼的种类、水温等条件，准确掌握采卵、受精时间，这是人工授精成败的关键。人工授精分为干法人工授精、半干法人工授精和湿法人工授精。

1) 干法人工授精。将发情至高潮或到了预期发情产卵时间的亲鱼捕起，一人将亲鱼用布包裹抱出水面，头向上尾向下，另一人擦干鱼体水分，用手压住生殖孔，将卵挤入擦干的脸盆中。每一脸盆可放鱼卵 50 万粒，用同样的方法立即向脸盆内挤入雄鱼精液，用手或羽毛轻轻搅拌 1～2 分钟，使精、卵充分混合。然后徐徐加入清水，再轻轻搅拌1～2分钟，静置 1 分钟左右，倒去污水，重复用清水洗卵 2～3 次，即可移入孵化器中孵化。

2) 半干法人工授精。将精液挤出，用 0.3%～0.5%生理盐水稀释，然后倒在卵上，按干法人工授精方法操作。

3) 湿法人工授精。将精、卵挤在盛有清水的盆中，然后再按干法人工授精方法进行。

自然产卵受精和人工授精各有优缺点，在生产中应根据生产设备、生产习惯、水温等具体情况，因地制宜选用(表 5 - 3)。

表 5-3 自然产卵受精和人工受精的比较

项目	自然产卵受精	人工授精
优点	适应卵子成熟过程，受精率高；对多尾亲鱼产卵时间不一致无影响；亲鱼受伤较少	设备简单，受条件限制小；受精卵不混有敌害和杂物；便于进行杂交；在亲鱼少的情况下，可保证卵子受精率
缺点	设备较多，受条件限制较大；受精卵混有敌害和杂物；很难进行杂交；在雄鱼少时，卵子受精无保证	较难掌握适当的采卵时间，往往会因卵子过熟而导致受精较差；多尾亲鱼在一起，由于排卵时间不一致，捕鱼采卵时常会影响其他亲鱼发情排卵；亲鱼受伤机会较多

(6) 产后亲鱼的处理。产卵后的亲鱼要放入水质清新的池塘里，让其充分休息，精养细喂，使它们迅速恢复体质。在产卵过程中，亲鱼经常在运输、拉网、发情过程中跳跃而撞伤、擦伤，为防止亲鱼伤口感染，要对产后亲鱼加强伤口涂药和注射抗菌药物。轻度外伤可选用高锰酸钾溶液、磺胺药膏、抗生素药膏；受伤严重的除涂搽药物外，还要注射消炎类药物，进行人工授精的亲鱼一般受伤较为严重，务必在伤口上涂药和注射抗生素，以免死亡。

(7) 亲鱼选择和配组。成熟的雌亲鱼腹部膨大、柔软，略有弹性，且生殖孔红润，如性腺发育良好的鲢、鳙亲鱼，仰翻其腹部，能隐约见肋骨，抬高尾部，隐约可见卵巢轮廓向前移动；草鱼亲鱼腹部较松软，腹部向上可见体侧向卵巢块下垂的轮廓，腹部中间呈凹瘪状；青鱼的雌亲鱼只要腹部膨大或略膨大而柔软即可选用。性腺发育良好的雄亲鱼，用手轻挤生殖孔两侧，有精液流出，入水即散。同批产卵的雌、雄鱼搭配比例不应低于 1∶1；如采用人工授精方式，1 尾雄鱼的精液可供 2～3 尾同样大小的雌鱼受精。

6. 人工孵化

人工孵化指将受精卵放入孵化设备内(孵化环道、孵化缸或者其他设备)，在人工条件下经胚胎发育至孵出鱼苗的全过程。家鱼的胚胎期很短，但胚后期很长，在适温的孵化条件下，20～25 小时就会出膜

(出苗),刚出膜的鱼苗,机体发育不全,无鳔,不能主动摄食,依靠自身体内的卵黄生活,只能在流水中做孑孓运动,到鳔充气、卵黄囊消失、能主动摄食、独立生活还要 3～3.5 天,这段时间都需要在孵化设备中度过。

(1) 孵化条件。

1) 水温。家鱼孵化水温范围为 18～31℃,最适水温范围为 25～27℃。在正常水温范围内,水温高,胚胎发育快,孵化时间短;水温低,胚胎发育慢,孵化时间长。水温低于 18℃或高于 31℃,都会引起胚胎发育停滞或发育不健全,畸形怪胎较多,孵化率很低。

2) 水流和溶解氧。家鱼属敞水性产卵类型,产半浮性卵,无黏性,受精卵孵化需要一定的溶解氧和流水,卵子遇水以后膨胀变大,在静水中沉下,只有在流水中才能漂浮。因此,在孵化时要以一定的水流冲击卵,使其在孵化时,在水中不停地翻滚,不会下沉,直到孵化出鱼苗。若孵化时没有水流冲击鱼卵,鱼卵将会堆积在水底,最终窒息而死。水流可使卵漂浮,更重要的是为卵的发育提供充足的溶解氧,并溶解和带走鱼卵在孵化过程中排出的二氧化碳和其他废物。水流应控制适当,否则卵膜会经不住急流和硬物摩擦而破碎,水流速度一般控制在 20～25 厘米/秒,水中的溶氧量不能低于 4～5 毫克/升。

3) 水质。孵化用水一定要经过过滤,防止敌害生物和其他污物进入孵化流水中,水的 pH 应在 7.5 左右。为保证没有敌害,可在孵化器中泼洒 90%晶体敌百虫溶液,使水中浓度达到 0.1 克/升。

(2) 孵化工具。人工孵化工具总的要求是结构合理,内壁光滑,不会积卵,滤水部分尽量宽裕,透水性好,操作方便。根据不同的生产规模,选用大型的孵化环道和小型的孵化桶、孵化槽等。鱼卵放入孵化设施前,应清除混在其中的杂物,然后计数放入,放卵密度一般为每毫升水放卵 1～2 粒,水温高或受精率低的鱼卵可适当降低放卵密度。鱼卵放在孵化设备中经 4～5 天孵化,待鱼苗鳔充气(见腰点)、卵黄囊基本消失、能开口摄食、行动自如后,即可出苗下塘。

(3) 计算受精率和出苗率。

1) 受精率。鱼卵孵化 6～8 小时后,可随机捞取百余粒鱼卵,放在

白瓷盘中用肉眼观察，将混浊发白的卵（死卵）剔除，然后计算已受精的卵数，其占总卵数的百分比即为受精率。

2）出苗率：就是指可以下塘的鱼苗数占受精卵的百分比。鱼苗孵出后，待卵黄囊消失，能主动摄食后方可下塘，一般为鱼苗孵出后4～5天。

（二）鲤、鲫鱼的人工繁殖技术

1. 亲鱼的选择与放养

亲鱼来源以池塘饲养的为好，鲤鱼雌鱼选择 3 龄以上，体重 1.5～5 千克；雄鱼 2～3 龄，体重 1.5～2.5 千克。鲫鱼雌鱼个体体重 0.5 千克以上，雄鱼个体 1.5 千克以上。杂交鲤不能用作亲鱼，若池塘养的亲鱼不足，可以在江河、水库捕捞选留，但在繁殖季节以前要在池塘中放养一段时间，使其适应池塘环境，亲鱼池面积以 1～2 亩为宜，水深 1.5～2 米。每亩放养 150 千克左右，可配养少量鲢、鳙鱼，但不能混养食性相近的鱼类。在产卵前 1 个月，当水温在 10℃以下时，就要把雌、雄鱼分开饲养，否则当水温超过 10℃后，亲鱼在池塘中可能自然流产。

2. 产卵池的准备

一般用 1～2 亩的苗种池或草、鲢、鳙鱼的产卵池，水深 1 米左右，产卵前要彻底清塘消毒，每亩放养亲鱼 40～60 组。

3. 孵化池的准备

一般用苗种池兼作孵化池，鱼苗孵化后，可以在原池进行培育，这样可以减少出苗、搬运的麻烦，但不容易掌握苗种数目。有条件的地方可利用孵化环道、孵化缸、孵化桶进行流水孵化。流水孵化的优点是水中溶解氧高，没有敌害，受气候影响小，出苗率高，还可以计数。

4. 受精

（1）人工授精。将注射催产剂后的雌、雄亲鱼按 8～10∶1 的比例分开暂养于网箱中，并进行微流水刺激。水温在 18～28℃时，催产的效应时间一般为 12～17 小时。临近效应时间，亲鱼在网箱内急游跳动，表现异常兴奋，这时应检查亲鱼。若一提起亲鱼，卵就流出或稍压

即流出，应马上进行人工授精。人工授精方法有2种：一种是干法授精，操作时将成熟亲鱼捕起，用干毛巾抹去鱼体和操作者手上的水分，将雌鱼卵挤入擦干的器皿（搪瓷盘、小脸盆）中，同时挤入雄鱼的精液（每2万～5万粒鱼卵滴入2～3滴），用干羽毛轻轻搅拌2～3分钟，然后将受精卵慢慢倒入黄泥水中（取粉质黏黄泥加5升清水，搅成稀泥浆状，过滤即成）。待卵粒全部倒入后，不停地向一个方向搅拌，保证受精卵在泥浆中不堆积成团、结块即可。搅拌10分钟左右，鱼卵的黏性完全脱掉，倒入迷网或筛绢（孔径0.5毫米左右）滤出受精卵，在水中漂洗1～2次，再放入家鱼孵化环道或孵化桶中进行流水孵化。另一种是湿法授精，将生理盐水放入盆中，再挤入少量精液搅匀，随即挤卵于盆中，边挤卵边搅拌，并再补充精液，3分钟后进行脱黏，流水孵化即可。

（2）自然产卵受精。将注射催产剂后的雌、雄亲鱼按2∶1的比例放入产卵池，并冲水刺激1～2小时。产卵池大小依亲鱼数量而定，最大不宜超过5亩，亲鱼投放密度为200～300千克/亩。亲鱼在设置的鱼巢上自行产卵受精，受精卵黏附在鱼巢上。当看到鱼巢上的卵已产得比较密集时，就要把鱼巢取出，移入鱼苗培育池中孵化，或进行室内淋水孵化，同时再放入亲鱼巢。当亲鱼产卵结束后应及时把鱼巢移走。鱼巢不要在空气中暴露过久，以免鱼卵干坏。产卵池和孵化池水温应基本一致。

5. 孵化

（1）流水孵化。脱黏后的受精卵应尽快送到孵化环道或孵化桶中孵化。流水孵化放卵密度每立方米80万～100万粒，水的流速不宜过大，以卵粒能翻上水面又分散下沉即可，水温在20～25℃，3～4天后鳔室充气，即可下塘培育或出售运输。

（2）池塘静水孵化。孵化池即鱼苗培育池，在亲鱼产卵前5～8天清塘除野，注水时严格过滤，水深以0.8～1米为宜。每亩放卵40万～50万粒。为防止发生水霉病，带卵的鱼巢可用20毫克/升高锰酸钾溶液浸泡30分钟以上，然后置于孵化池中孵化。鱼巢设在背风向阳的水下5厘米处。刚出膜的鱼苗鳔没充气，鱼苗附着在鱼巢上，不能水

平游动，此时不要急于取出鱼巢，待鱼苗出膜后5～7天方可取出。鱼苗孵化3～4天后投喂饲料开始培育。

(3) 室内淋水孵化。将附卵鱼巢移入室内平铺或悬挂(鱼巢间隔20～30厘米)在架上，每隔0.5～1小时全面淋水1次，保持鱼巢湿润，淋水的水温应与室内气温基本一致。注意室内温度稳定，空气潮湿，防止鱼卵表面干燥。到幼鱼在卵膜内不断扭动时，将鱼巢细心转入鱼苗培育池中继续孵化，室内气温与鱼苗培育池中水温应基本一致。

(三) 团头鲂的人工繁殖技术

团头鲂和鲤、鲫鱼一样都是草上产黏性卵的鱼类，但团头鲂对性成熟的要求比鲤、鲫鱼高，在池塘静水中尽管可以培育良好，也只能发育到生长成熟，无法达到生理成熟，必须进行人工繁殖，才能完成生殖过程。

团头鲂的人工繁殖主要包括亲鱼培育、药物催产和人工孵化等几个阶段。

1. 亲鱼培育

(1) 亲鱼的来源。可以在湖泊、水库或池塘中捕捞成鱼时选留亲鱼，也可在池塘中用鱼种培育，经选择后留养。亲鱼要求体质健壮、体形优良、背高肉厚、无畸形、鳃盖骨无凹陷、无疾病、鳞和鳍完整、无伤残的个体，3龄以上，雄鱼个体重0.5千克以上，雌鱼个体重1.5千克以上。选留的亲鱼要注意雌雄比例，要求雄鱼数量略多于雌鱼，一般雌雄比例为1∶1.5～2.5，雌雄主要从胸鳍形状、追星的多少和腹部的大小来鉴别。

(2) 亲鱼培育方法。当年春季收集的亲鱼，一般通过短期培育就能成熟，培育面积一般为1亩左右，也可以大一些，水深1.5～2.5米，不论鱼池大小，单养或配养均可获得良好的效果。单养池每亩放养团头鲂200～300千克，并适当配养少量鲢、鳙亲鱼，每200千克团头鲂，搭养鲢亲鱼75千克、鳙亲鱼25千克，以调节水质。具体放养量要根据培育池的池塘条件、水质环境和饲养管理等情况灵活增减。在早春时，团头鲂亲鱼经过越冬，体重略减，这时青绿饲料还很少，主要投喂饼粕、麸皮等精饲料，促使鱼体尽快复膘肥壮。等水草和陆草长出后，就逐渐改为以投喂青绿饲料为主，此时精饲料和青绿饲料的比例为1∶1.6，产前15～20天停喂精饲料。青绿饲料的喂量以在4～6小时内吃完为度，每尾亲鱼每天的精饲料用量为25～30克。池中要经常加注新水，以促进性腺发育。在接近产卵期、水温达到16～17℃时，要将雌雄鱼分开，以避免亲鱼在气温突然上升或大雨后雨水流入池塘时出现零星自然产卵，影响生产的正常进行。

2. 药物催产

要选择性腺发育良好的亲鱼注射催产剂。催产剂的种类有鲤、鲫脑垂体素、绒毛膜促性腺激素、促黄体生成素释放激素类似物。雌鱼每千克体重用脑垂体素6～8毫克，配合绒毛膜促性腺激素1600～2400国际单位，促黄体生成素释放激素类食物5微克，雄鱼剂量减半。采用一次胸腔注射法进行催产，在水温为24～26℃时，效应时间为8小时左右。团头鲂的卵为黏性卵，亲鱼注射后放入产卵池或孵化环道内，布置好鱼巢，并以流水刺激，让其自行产卵。团头鲂的卵黏性较弱，用鱼巢集卵和孵化容易脱落，散落池底，可布置少量鱼巢，让产出的鱼卵绝大部分黏附在产卵池或环道边壁上，产卵结束后，捕出亲鱼，放干池水，用刷子或扫帚将鱼卵洗刷下来，放入孵化桶内孵化。

3. 人工授精与鱼卵脱黏

团头鲂的卵黏性较弱，用鱼巢集卵和孵化容易脱落影响生产，可采用人工授精并脱黏的方法取得受精卵。亲鱼注射催产剂后，经8小时左右，可见雌雄亲鱼追逐激烈，此时可取一干燥脸盆，然后捕起发情激烈的雌雄亲鱼，分别用毛巾擦干亲鱼体表水分，将卵和精液挤于脸盆中，在挤入精液的同时，用羽毛轻轻搅动，使精、卵充分接触，搅动1～2分钟后，再将受精卵徐徐倒入事先准备好的滑石粉脱黏液中，每10升滑石粉脱黏液可放卵1～1.5千克，要边倒卵边用羽毛搅动，使卵充分分散在脱黏液中，搅拌5～10分钟，然后放入专用的孵化设备中进行孵化。

4. 人工孵化

脱黏后的团头鲂鱼卵，可放入孵化缸中孵化，放卵密度为每100升

水放入 50 万～100 万粒。也可在孵化环道中进行孵化，放卵密度为每立方米水体放 70 万～80 万粒。由于团头鲂鱼卵的体积较小，比重较大，故水流要比四大家鱼孵化时大，防止受精卵沉底死亡。一般在水温为 25～26℃时，1～2 天可孵出，出膜后 4～5 天长至 6～6.5 毫米，出现腰点时，就可以过数出苗，下塘饲养或外运。

六、淡水鱼类鱼苗、鱼种培育技术

（一）鱼苗、鱼种的生物学特征

鱼苗、鱼种阶段是鱼类生长发育的旺盛时期，其形态结构、生理特点和生活习性不断变化，具有明显的阶段性。由于不同发育阶段对外界环境条件的要求不一样，所以必须熟悉鱼类在各个阶段的生物学特点，以便制订相应的科学饲养和管理措施，以提高鱼苗、鱼种的生产水平。

1. 鱼苗、鱼种阶段的划分

从标准化的概念来说，鱼苗是指鱼卵内胚胎从卵膜脱出以后，再发育到鳔充气时的仔鱼，一般全长 7～8 毫米。鱼种是指鱼苗发育到全体鳞片、鳍条长全，外观具有成体基本特征的阶段。但我国历来都根据生产实践和养鱼习惯，将鱼苗、鱼种的生产全过程分为 3 个阶段，各阶段名称不尽一致。

第一阶段，是从刚孵化出的仔鱼（俗称“水花”），经过 25 天左右的培育，全长达 3 厘米左右，称为夏花鱼种（俗称“火片”或“寸片”），生产上称鱼苗培育。

第二阶段，是从夏花鱼种再饲养 4～5 个月，全长达 12～17 厘米，称 1 龄鱼种或冬片鱼种；养至翌年春天，则称春片鱼种，生产上称为鱼种饲养或 1 龄鱼种饲养。

第三阶段，部分地区把 1 龄鱼种再饲养 1 年，鱼种体重达 150～250 克，青鱼、草鱼可达 500 克左右，称 2 龄鱼种或过池鱼种，生产上称为 2 龄鱼种饲养。

2. 消化器官发育与食性转化的相关性

刚孵出的鱼苗，以卵黄囊中的卵黄为营养，称为内营养时期。当鱼苗肠道发育成一条直管并与口腔相通时，鱼苗除吸取残余卵黄外，开始摄食外界食物，这时称为混合营养时期或向外营养过渡时期。当卵黄囊消失、肛门形成后，鱼苗全靠摄取外界食物维持生存，称为外营养时期，此时的鱼苗称为嫩口鱼苗。下面重点介绍外营养时期鱼苗消化器官发育与食性转化的相关性。

（1）鱼苗消化器官处于继续发育和演变时期，鱼苗长到 7～10 毫米时，口小，咽喉齿未生成，腮耙刚刚萌发，肠管呈直管状。此时几种鱼苗不仅形态相似，摄食方式和食物组成也完全相同，都是吞食适口的小型浮游动物，如轮虫、无节幼虫和小型枝角类等。

（2）鱼苗长到 12～15 毫米时，口咽腔增大，咽喉齿开始出现，呈凸起状。鲢鱼、鳙鱼的腮耙数目增多，长度和间距有明显变化，肠管变粗延长，摄食方式和食物种类组成开始发生变化。摄食方式由吞食转向滤食过渡，食物组成除小型浮游动物外，还有少量浮游植物。青鱼、草鱼、鲤鱼鱼苗可吞食较大的浮游动物，如枝角类、桡足类及部分小型底栖生物。

（3）鱼苗长到 16～20 毫米时，消化器官进一步发育，食性分化更加明显。草鱼、青鱼、鲤鱼等口裂增大，咽喉齿已发育完善，初具研磨能力，肠管变粗、延长，出现肠黏膜褶，摄食能力增强。鲤鱼和青鱼除摄食大型枝角类外，也食摇蚊幼虫、水蚯蚓和小型底栖动物以及植物碎片；草鱼开始摄食幼嫩水生植物。鲢鱼的腮耙多、密且长，鳙鱼的腮耙较少，排列疏且短。从这时开始，它们由吞食转为滤食，但食物组成有了明显的区别，如鲢鱼的食物中浮游植物的比重逐渐加大，鳙鱼则仍以浮游动物为主。

（4）鱼苗长到 30 毫米时，消化器官进一步完善，其形态结构、食物组成，逐渐接近于成鱼，长到 31～100 毫米时，取食器官形态结构和食物组成基本与成鱼相同。“四大家鱼”中以鲢鱼、鳙鱼的口和口咽腔最大，肠长盘曲多，而且鲢鱼的腮耙细密呈海绵状，以滤食各种浮游植物为主；鳙鱼的腮耙密而长，但不连成海绵状，以滤食浮游动物为主。其他几种养殖鱼类，其口形、咽喉齿的排列和形状、肠管长度与粗细，因品种而异，食性也不相同，如草鱼、团头鲂能吃芜萍、小浮萍及切碎的鹅菜和嫩草。鱼苗长到100毫米以上即可吃各种水草和嫩旱草。青鱼在体长为100毫米左右时，可吃轧碎的螺、蚬，体长150毫米以上时可吃小螺蛳，鲤鱼具有挖掘底泥寻食底栖动物和吸吮植物碎屑的能力。

从鱼苗发育至鱼种，鱼类的摄食方式和食物组成都在发生变化。如鲢鱼由吞食小型浮游动物到摄食大型浮游动物，再转为以滤食浮游植物为主。鳙鱼由吞食小型浮游动物转为滤食各种浮游动物。草鱼、青鱼和鲤鱼的摄食方式始终都是主动吞食，其中草鱼由吞食小型浮游动物到摄食大型浮游动物，再转为摄食草类；青鱼由吞食小型浮游动物到摄食大型浮游动物，再转为主要摄食螺、蚬类；鲤鱼由吞食小型浮游动物到摄食大型浮游动物，再转为杂食性，主要吃底栖动物中的摇蚊幼虫、水蚯蚓、水生植物和植物碎屑。

3. 鱼苗鱼种生活习性和对环境条件的要求

(1) 生长速度与养殖条件的关系。一般来说，鱼苗养至鱼种，绝对生长（日增长和日增重）前期慢于后期，即鱼苗养成夏花鱼种阶段慢于夏花养成1龄鱼种阶段；相对生长（日增长率和日增重率）则相反，即前期快于后期。如鱼苗下塘后3～10天生长最快，日增长率为15%～25%，日增重率30%～57%，然后逐渐减慢。在正常培育情况下，鱼苗1年可养成全长10～15厘米、体重25～50克的鱼种，如果饲养得法，可达到100克左右。其中鲢鱼、鳙鱼的生长前期长得快；草鱼、青鱼的生长后期增长较快；鳊鱼、团头鲂、鲤鱼的体长和体重增长都较慢。

影响鱼苗、鱼种生长速度的因素很多，主要有放养密度、食物、水温和水流等。在一定的放养密度内，营养和水质条件对鱼苗、鱼种生长的影响远远大于密度的作用，而且这种关系比较复杂，不易掌握。食物丰足，投喂规律，鱼的生长就快，体质肥壮，群体也较整齐；反之，食物不足，投喂不均，时饥时饱，鱼的生长就慢，体质瘦弱，大小不一。因此，科学施肥、投喂和创造良好的放养环境十分重要。

(2) 活动规律。刚下塘的鱼苗，通常在池边和水面分散游动，第

二天开始趋于集中，下塘 5 天后，逐渐离开池边到池中活动。10 天后鲢鱼、鳙鱼鱼苗在池水中上层集群活动，草鱼、青鱼鱼苗下塘 5 天后逐渐移到水池中下层活动。特别是草鱼鱼苗，全长达 15 毫米时，喜集群在池边游动；鲤鱼鱼苗达 15 毫米左右时，开始成群在深水层活动，对惊动反应敏感，较难捕捞。可见鱼种阶段，这几种鱼在水体中分层栖息活动的规律日趋明显，已与成鱼阶段无多大的差异。

(3) 对水质的要求。鱼苗、鱼种的代谢强度比成鱼旺盛。如鲢鱼鱼苗的耗氧率和能量需求量比夏花鱼种和 1 龄鱼种高 5～10 倍，因此溶解氧量越高，鱼摄食越强烈，消化率越高，生长速度也越快。为此，鱼苗、鱼种池应保持充足的溶解氧和足够的营养物质，保证鱼的旺盛代谢和迅速生长的需要。

鱼苗、鱼种对 pH 适应范围小，最适 pH 为 7.5～8.5，pH 过高或过低都会不同程度地影响鱼苗、鱼种的生长和发育。

在鱼苗阶段，以肥水为好，但在鱼种饲养阶段各有不同，鲢鱼、鳙鱼终生滤食浮游生物，要求浮游生物多，所以要求有较肥的水质；草鱼、鳊鱼、团头鲂由于食性的转化，要求水质比较清新；青鱼、鲤鱼主要摄食底栖生物，也食大型浮游生物，因此适当培肥水质饲养效果较好。

4. 鱼苗的质量鉴别

(1) 鱼苗(“水花”)体质强弱的鉴别。首先看体色，优质鱼苗群体色相同，无白色死苗，身体光洁不拖泥；劣质鱼苗群体色不一，俗称花色苗，带有白色死苗，苗体拖泥；其次看游泳能力，将盛鱼苗的盆搅动，鱼在漩涡边缘逆水游泳为优质苗；若大部分被卷入漩涡则为劣质苗；第三是抽样检查，如果将鱼苗盛在白瓷碗内，口吹水面，鱼苗能顶风逆水游动，倒掉盘中的水，鱼苗在盘底剧烈挣扎，头尾弯曲成圈状者为优质苗；而顺水游动，无力挣扎，仅头尾能动者为劣质苗。

(2) 乌仔体质强弱的鉴别方法。“水花”经过 7～10 天的饲养，体长达 15～20 毫米的鱼苗称为乌仔。乌仔体质强弱首先看体色和规格，体色鲜艳，有光泽，而且大小整齐一致者为强苗；而体色发暗无光、变黑或变白，个体大小也不一致者为弱苗；其次可抽样检查，将乌仔放入白瓷盆内观察，头小背厚，身体肥壮，鳞、鳍完整，不停狂跳者为强

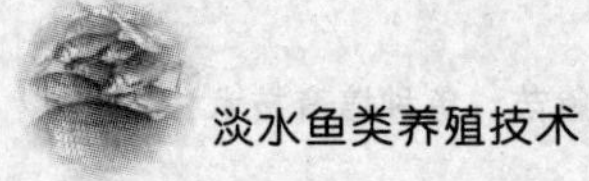

苗；反之，身体瘦弱，头大背窄，鳞、鳍残缺，或体伤充血，很少跳动者为弱苗；最后可看游动情况，行动敏捷，集群游动，受惊后迅速潜入水底，不常停留于水面，抢食能力强者为强苗；反之，行动迟缓，游泳不集群，在水面慢游或静止不动，抢食能力弱者为弱苗。

（二）鱼苗培育

鱼苗培育是指鱼苗、鱼种饲养的第一阶段，即从孵化出来的鱼苗饲养到夏花鱼种。鱼苗培育在养鱼过程中是十分重要的一环，因为鱼苗微小，细若针芒，活动力弱，摄食能力低，对饲料的选择要求高，对外界环境条件的适应性及躲避敌害生物袭击的能力差。因此，必须在良好的池塘环境下精心培育，才能获得较高的成活率。一般在鱼苗培育过程中的生产指标，要求成活率达到80%以上，规格要求在3厘米左右，而且群体整齐、健壮、无病伤。

1. 鱼苗种类鉴别

主要养殖鱼类的鱼苗可根据其体型大小、眼睛的大小和位置、鳔的形状和大小、体色的分布情况、尾鳍的形状、游泳的特征等进行区分（表6－1）。

表6－1　主要养殖鱼类鱼苗外形鉴别要点

种类	体形	体色	头部	眼	尾部	鳔（腰点）	色素
草鱼	较青鱼、鲢鱼、鳙鱼矮小，但比青鱼胖	淡橘黄色	头较短而大，略呈方形	眼较青鱼苗小，黑色平行排列，间距大	尾小如笔尖，尾部有红黄色血管	椭圆形，较狭长而小，距头部近	明显，起自鳔前，达肛门之上
青鱼	体长	淡黄色	头纵扁，略呈三角形，较草鱼的头长	眼大而黑，呈倒八字形排列	有不规则的小黑点	椭圆形，较狭长，与头部距离较草鱼鱼苗稍远	灰黑色，明显，直至尾端。在鳔处略向背面拱曲

续表

种类	体形	体色	头部	眼	尾部	鳔(腰点)	色素
鲢鱼	体平直,仅小于鳙鱼、青鱼鱼苗	灰白色(较大时为灰黑色)	圆形,下腭突出	不凸不凹,平行排列,眼间距较近	上、下叶有2个黑点,上小下大	椭圆形,前端钝,后端尖,与头部距离较鳙鱼鱼苗稍近	明显,自鳔前到尾部,但不到脊索末端
鳙鱼	较大,肥胖	嫩黄色	圆形,下腭突出	眼比鲢鱼鱼苗大,眼间距较宽	蒲扇形,下叶有黑点	椭圆形,较鲢鱼鱼苗大,距头部远	黄色,较直,在肛门后不明显
鲫鱼	短小,呈楔形,鳔后部分逐渐变细	淡黄色	较大	小,呈八字形,眼间距宽	尾鳍椭圆形,下叶有不规则黑色素	卵圆形,前端钝,后端尖	粗,呈黑色
鲤鱼	粗、短,鳔后逐渐缩小	浅赭黄色	较大	呈三角形,向两侧凸出	尖细	长圆形	灰黑色
团头鲂	细而短	透明无色	较小	眼中等大小,眼间距宽	尾鳍褶后缘平	较小,呈卵圆形	无
鲮鱼	短小,胖	稍呈红色	短,扁平	眼侧位,眼间距宽	尾鳍椭圆形	葫芦形,前段钝,后端尖	无

2. 鱼苗培育池的选择

鱼苗培育池的优劣直接影响鱼苗培育的效果,标准的鱼苗培育池应具备以下条件:

一是交通便利,水源充足,水质良好,不含泥沙和有毒物质,注排水方便。

二是池形整齐,最好是东西向的长方形,其长、宽比为5∶3,便于饲养管理和拉网操作。面积以1～4亩为宜，池水深度一般前期保持在0.5～0.7米，后期保持在1～1.2米。

三是土质好，池堤牢固，不漏水。鱼苗池以壤土为好，沙土和黏土均不适宜。

四是池底平坦，无杂草丛生，无砖瓦石砾，池底向出水口一侧倾斜，出水口位于最低点，池底保持10～20厘米厚的淤泥。

五是池塘要通风向阳，光照充足。

3. 鱼苗放养前的准备

(1) 修整池塘。一般在冬季渔闲季节进行。将池水排干，清除池底和池边杂草，挖出过多的淤泥，将塘底推平，并使入水口向排水口形成3.3°～5°的坡度。池塘整修完以后，任其日晒冰冻，以达到减少病虫害、促进池底有机质分解、提高池塘肥力的效果。若不能在冬季修整，最少也要在鱼苗下塘前1个月进行。

(2) 药物清塘。

1) 生石灰清塘，生石灰必须是刚出窑的，如在空气中放置时间较长，生石灰潮解，吸收空气中的水分和二氧化碳，变成粉末状的碳酸钙后则失去清塘效果。清塘时可以将池水排干，用刚溶解后尚未冷却的生石灰浆，均匀洒向全池，翌日用长柄铁耙耙动塘泥，使石灰浆与塘泥充分混合拌匀，以提高清塘效果。也可以用带水清塘的方法，即不排出池水，将新鲜石灰浆趁热全池泼洒均匀。前者的用量为每亩用60～75千克，后者的用量为每亩每米水深用120～150千克。

2) 漂白粉清塘。漂白粉含有效氯30%左右，遇水后产生次氯酸，有强烈的杀菌和杀死敌害的作用。清塘时可待池水排干，用刚溶解的漂白粉溶液均匀洒向全池，也可以带水清塘，即不排出池水将漂白粉溶解后进行全池泼洒。前者的漂白粉(含有效氯30%)用量为每亩4～8千克，后者的用量为每亩每米水深用13.5～15千克。

3) 生石灰与漂白粉合剂清塘。排水清塘时，每亩水面用漂白粉2～3千克、生石灰30～40千克；不排水清塘时，每亩每米深水体用漂白粉5～7千克、生石灰60～75千克。使用方法可参照生石灰、漂白粉的用法。

4) 鱼藤精清塘。不排水清塘时，每亩每米水深用 1.3 千克。使用时，加水 10～15 倍，均匀遍洒全池。

5) 巴豆清塘。不排水清塘时，每亩每米水深用 1 千克。使用前须将巴豆捣碎磨细装入罐中，然后用 3%盐水密封浸泡 3～4 天，使用时用水稀释后，连渣带水全池泼洒。

(3) 施肥。鱼苗放养前施肥的作用是培养适口饵料生物(轮虫)，以便能在池塘出现轮虫高峰期时鱼苗下塘。掌握好施肥时间，这是保证鱼苗下塘后有充足适口饵料，提高成活率的关键。如用腐熟发酵的粪肥，可在鱼苗下塘前 5～7 天(依水温而定)每亩全池泼洒 200～500 千克；如用堆肥，可在鱼苗下塘前 10～14 天(依水温而定)每亩投放 200～300 千克。施肥后每日观察，如发现水中出现大量晶囊轮虫，说明轮虫高峰期即将过去，需每亩再泼洒腐熟的有机肥料 50～150 千克。在生产上，为确保轮虫大量繁殖时鱼苗下塘，在施有机肥前往往先泼洒 0.2～0.5 毫克/升的 90%晶体敌百虫溶液，以杀灭大型浮游动物。

(4) 试水。鱼苗下塘要进行试水，即在鱼苗下塘前一天将少量鱼苗放入池内网箱中，经 12～24 小时观察鱼的动态，检查水中药物毒性是否消失。为防止池内有野杂鱼或者其他敌害生物，在鱼苗下塘前 1～2天，应用密眼网在池中拉网 1～2 次，必要时应重新清塘消毒。

4. 鱼苗下塘

同一池塘必须放养同批次和同种鱼苗，否则会造成规格不齐，成活率低，也会给今后鱼种捕捞出售增添不必要的麻烦。

鱼苗池的水温不能低于 13.5℃，鱼苗运到塘口后先将鱼苗袋放入池中，经 15 分钟后袋内外水温基本相同后，将鱼苗袋打开，把鱼苗放入事先支好的鱼苗箱中暂养。待鱼苗活动正常时投喂鸡蛋黄水，投喂时要少量多次，缓慢而均匀地泼洒，1 个鸡蛋黄可供 10 万尾鱼苗摄食。

放苗时间以晴天无风的上午 9：00～10：00 为宜，忌傍晚放苗，在有风天气，应注意在上风处放苗，以免鱼苗被风吹到岸上或挤死。

5. 鱼苗放养密度和培育方式

鱼苗放养密度对鱼苗的生长速度和成活率有很大影响。放养密

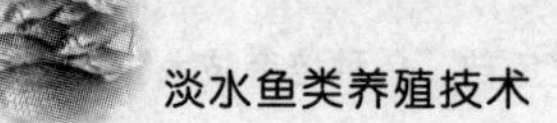

度与鱼苗池条件、饵料和肥料的质量、鱼苗品种、饲养方式、饲养技术水平都有直接关系。如池塘条件好，饵料、肥料量多质好，饲养技术水平高，放养密度可偏大些，否则就要小些。鱼苗培育方式主要有 2 种：一种是从下塘鱼苗开始，经 15～20 天的培育，养成 3 厘米左右的夏花，这种培育方式称为一级培育法。另一种是先将鱼苗养成 1.7～2 厘米的乌仔，然后再分塘养成 4～5 厘米的大规格夏花，这种培育方式称为二级培育法。

采用二级培育法，草鱼、鲢鱼、鳙鱼、鲂鱼鱼苗先以 10 万～15 万尾/亩密度放养，培育 7～10 天后，鱼体全长达到 1.7～2.7 厘米时再分塘。必须注意，无论采用哪一种方式，鱼苗放养时都要准确计数，一次放足。

6. 鱼苗放养时应注意的事项

(1)鱼苗孵出 4～5 天，鱼鳔充气、能水平游泳、正常摄食时称嫩口鱼苗，此时即可下塘。如过早下塘，因鱼苗的活动能力弱，摄食能力差，会沉入水底而死亡。下塘过晚，苗老、体质差，也易死亡。

(2) 下塘的鱼苗，必须是同一批孵出的，否则个体大小不一，不仅出塘鱼种规格不整齐，也会影响成活率。

(3) 下塘时，装鱼容器内的水温与池塘水温温差不能超过 3℃，温差过大，应慢慢调节容器内的水温，使鱼苗习惯池水温度后才能放苗。

(4) 经长时间运输的鱼苗，要经暂养后再下塘。

(5) 鱼苗放养前应投喂 1 次熟蛋黄，一般每 20 万尾鱼苗投喂 1 个鸭蛋黄。

(6) 鱼苗下塘时，应在池塘的向阳上风头处，将盛鱼容器倾斜于水中，慢慢地放出鱼苗，切勿直接倾倒。

7. 鱼苗培育方法

鱼苗养成夏花鱼种阶段，几种鱼苗在体长 20 毫米以前主要摄食轮虫、无节幼体和小型枝角类等浮游动物，体长 20 毫米以后各种鱼苗的食性才明显分化。因此，鱼苗培育期(前 10 天左右)主要施用有机肥料，培育轮虫等小型浮游生物；后期(10 天以后)因鱼苗种类不同，应

分别考虑其食性,培养浮游植物(养鲢鱼)、浮游动物(养鳙鱼)和养草,青鱼鱼苗后期应兼喂人工饲料,以补充大型浮游动物的不足。用有机肥料培养天然饵料生物来培育鱼苗,控制水质肥度是关键,且难度较大,前期要求水中浮游动物量在 20 毫克/升以上,而且要有一定数量的浮游植物供浮游动物食用,同时还要保证水中的溶解氧量;后期鳙鱼、草鱼、青鱼、鲤鱼鱼苗的池水肥度同前期一样,而鲢鱼鱼苗则应比前期更肥,以浮游植物为主,其生物量应达到 30 毫克/升,并以隐藻、鞭毛绿藻和某些鱼腥藻等为主。

控制池水肥度和天然生物饵料的主要措施是注水和施肥。关键是掌握浮游生物的生长规律和鱼苗食性转化规律。各地培育鱼苗的方法不一,现分别介绍如下:

(1) 农家肥料培育法。农家肥对池塘肥效的作用是多方面的,因为它所含的营养元素全面,富有氮、磷、钾和其他多种元素。农家肥主要有绿肥、粪肥和混合堆肥等,凡是梗叶柔软、无毒,易于沤烂的各种陆草和人工栽培的植物都是很好的绿肥,如菊科植物、豆科植物以及少数禾本科植物,它们腐烂分解快、肥力高、肥效时间长,是培育鱼苗的上好肥料。

人粪尿主要含有氮、磷、钾等多种元素,尤其是氮素较多,家畜、家禽的粪尿不但肥分高,且有丰富的有机质,对提高池塘肥力有很大作用。家禽是杂食性的,粪便中氮、磷、钾的含量比各种牲畜粪尿均高;家畜粪尿的成分因种类、饲料不同而各异。

1) 绿肥培育法。在鱼苗下塘前 5~7 天,每亩水面投放大草(菊科和豆科植物)200～300 千克,分别堆在池塘四角,让其腐烂培养天然饵料生物。晴天水温高,一般 1～2 天翻动 1 次,以 4～5 天后池水呈淡绿色或黄绿色为好,这类肥水中鱼苗的适口饵料就多。以后每次每亩施大草 150～200 千克,维持水中的肥力,并及时捞出难腐烂的草秆。从鱼苗下塘到夏花出塘,一般每亩需大草 1300～1500 千克。用大草堆肥培育鱼苗,池塘浮游生物较丰富,但水质不易掌握,要有丰富的鉴别水质肥度的经验,以正确决定追肥数量和注水次数。

2) 草浆培育法。即将高产的水生植物喜旱莲子草(水花生)、凤

眼莲（水葫芦）、水浮莲（简称“三水”）用高速打浆机粉碎成颗粒微细的草浆来培育鱼苗的方法，草浆的微细颗粒一部分可被鱼苗直接吞食，一部分则被轮虫、浮游动物摄食而使浮游动物大量孳生，供鱼苗食用，未被利用的草浆颗粒通过细菌分解也能起到肥水的作用。因此，草浆培育鱼苗具有双重作用。另外，喜旱莲子草含有一种皂苷，需加3％的食盐进行处理，使皂苷含量由3％下降至1.8％，才可作为鱼的饲料。

投喂方法：每日投喂2次，全池泼洒，每亩投草浆50～70千克，具体数量视水色而定。根据各地实践证明，用200千克草浆，可培育1万尾夏花鱼种，即每20～30千克草浆相当于1千克黄豆的培育效果。

(2) 化肥培育法。用化肥养鱼具有省力、经济、速效、肥分含量高、操作方便等优点，特别是在农家肥缺乏的地方，用化肥养鱼已被广泛应用。

化肥可直接为藻类生长提供必需的营养元素，促进浮游生物的生长繁殖，同时又能调节水质的酸碱度。常用氮肥有硫酸铵、碳酸氢铵、氨水、尿素，磷肥以过磷酸钙等为主。氮、磷肥最好混合施用。

池水透明度在30厘米以上时，鱼苗下塘前3～5天，水深70厘米，每亩施用尿素1.5～2千克，或碳酸氢铵5～8千克，或过磷酸钙5千克，化水后全池泼洒。鱼苗下塘后根据水质、天气、鱼的活动情况确定追施肥量，原则上应做到量少、勤施。一般2～3天施肥1次，每次每亩追施尿素0.3～0.5千克，或碳酸氢铵2～2.5千克和过磷酸钙0.25千克，施追肥时，应注意将化肥用水溶解后再全池泼洒，否则常因鱼苗误食化肥颗粒而发生中毒现象。此外，因化肥成分单一，肥效持续时间短、不稳定，所以与农家肥混合施用，效果就更为理想。

(3) 豆浆培育法。系江浙一带的传统饲养法。是用黄豆或豆饼磨成豆浆作为鱼苗的饲料，泼洒的豆浆一部分被鱼苗吞食，一部分成为培养浮游生物的肥料。从利用率来看，鱼苗直接摄食的越多越好，因此务必注意制浆和投喂方法。

1）制浆方法。黄豆浸泡要适度，以泡至两瓣缝隙涨满轻捏就开瓣为度，切不可泡至发芽。在24～30℃时，一般浸泡6～7小时即可。豆饼应先粉碎，再泡至发黏。浸泡适度，则出浆多、质量好、浆白而厚、

在水中悬浮时间长、鱼苗摄食机会多、利用率高。

磨浆时水与豆一起加，一次磨成浆，切不可磨好浆再兑水，因兑水后的浆易发生沉淀，鱼苗吃到豆浆的时间就短。一般1千克黄豆可磨成18～20千克浆，1千克豆饼可磨成10千克浆。

已经磨好的豆浆，要及时投喂；放置时间过长，则会产生沉淀或变质。

2）投喂方法。鱼苗下塘后5～6小时就可以投喂豆浆。因初下塘的鱼苗游动弱，主动摄食能力差，只能吃到悬浮在它周围水中的食物，所以泼浆一定做到全池泼洒均匀，使鱼苗张口即可得食。每天投喂2次，8：00～9：00和15：00～16：00各投喂1次。投喂方法因鱼而异，培育鲢鱼、鳙鱼鱼苗时要满塘泼洒，培育青鱼、草鱼鱼苗时沿塘边要多泼些。饲养10天后的青鱼、草鱼由于食性和习性的转化，除投喂第二次豆浆外，还要在塘边增投豆饼糊1次。

泼浆是一项技术性很强的工作，泼得均匀，鱼苗都能吃到，则生长整齐、成活率高。否则，多食者强，少食者弱，大小不一，成活率低。

投喂量应视池水肥瘦情况而定，一般鱼苗下塘后20天内，每日每亩投喂2～2.5千克黄豆或2.5～3.5千克豆饼磨成的浆，以后每10天根据水质和鱼的生长情况而增加，一般养成1万尾夏花鱼种，需黄豆或豆饼7～8千克。

(4) 肥料豆浆综合培育法。这种方法综合了化肥培育法和豆浆培育法的优点，是一种比较经济的培育方法。鱼苗下塘前4～5天，每亩水面施农家肥150～200千克，培养供鱼苗食用的小型浮游动物，做到肥水下塘，使鱼苗一下塘就能吃到适口的饵料。鱼苗下塘后每日每亩水面可投喂1～2千克黄豆浆，以弥补天然饵料的不足。同时，每隔3～5天施肥1次，每次每亩施腐熟的肥料50～100千克。随着鱼苗的快速生长，池中可消化利用的浮游生物供不应求，特别是青鱼、草鱼、鲤鱼、鳙鱼等品种，饲养10天后水中的浮游动物数量远不能满足其需要，这时除泼浆外，最好在塘边投豆饼糊、豆溢或芜萍等。这种综合培育法不受前面所介绍的几种方法的限制，兼取其长，兼收其利，灵活方便，效果好，夏花出塘率高，是目前采用较多的培育方法。其特点是：

肥水下塘，每日泼浆，适时追肥，使肥水和投喂相结合，营养物质丰富，鱼苗生长快，成活率高，也可充分利用当地资源优势。

8. **鱼苗池的管理**

(1) 分期注水。鱼苗培育过程中分期向鱼池注水，是提高鱼苗生长速度和成活率的措施之一。因为鱼苗下塘时的水深一般为 60 厘米左右，水浅能使水温提升得快，有机物分解快，有利于天然生物饵料的繁殖和鱼苗的生长。但随着鱼体的长大，水体空间就变小，鱼粪、残肥、残饵日益积累，水质逐渐变肥、老化，溶解氧量减少，所以需要分期加注新水，以增大鱼苗的活动空间，改善水质状况，促进浮游生物的繁殖，有利于鱼苗的生长发育。

分期注水的具体时间和水量，应根据水的肥瘦、鱼苗生长快慢和天气情况而定。原则上水肥、天气干旱炎热时，可勤注水、多注水；水瘦、阴雨天气时，可少注水或不注水。通常在鱼苗下塘后，每隔 4～5 天注 1 次水，每次注水 10～15 厘米。在整个培育期间分期注水 3～4 次，使水位达到 1.2～1.5 米为宜。注水时间以 15：00～17：00 为好，因一般夜间水中溶解氧量偏低，故傍晚注水可防止翌日出现浮头现象。注水时要避免水流过急和直冲池底把水搅浑，且每次注水时间不可太长，以免鱼苗长时间顶水游动消耗体力。

(2) 巡塘。巡塘是一项十分重要的管理工作，在鱼苗培育过程中，每天必须在黎明前和傍晚进行巡塘。巡塘要“三看”：一看鱼情，二看水情，三看天情。通过“三看”发现问题，及时采取相应的措施。

1) 看鱼情。早上巡塘主要观察鱼苗有无浮头现象，若观察到鱼苗成群浮头，人走近或碰击出声，鱼受惊下沉，稍停片刻又浮上来，表示轻微浮头；日出后浮头停止，说明池水肥度适宜。若浮头的鱼苗分散全池，受惊也不下沉，日出后仍不下沉，说明严重缺氧，应马上加注新水，直到停止浮头为止。如发现有些鱼苗离群，身体发黑，在池边慢慢游动，表明个别鱼已经生病，应及时捞出，检查病因，采取相应的治疗措施。

2) 看水情。主要观察水色，从水色判断水质的变化。如水色清淡，鱼不浮头，说明水质不肥，应增加施肥量和投喂次数；反之，应减少

施肥、不施肥或加注新水。

3）看天气。天气变化情况是日常管理的重要依据，俗话说："晴天多施肥，阴天少施肥，雨天不施肥"。要特别注意天气变化，在阴雨天气，肥料分解得慢，常沉入池底，一旦天气闷热，气压较低就会导致肥料急剧发酵分解，吸收水中氧气而造成缺氧泛塘。

(3) 日常管理。管理人员要做到"三查三勤"。早上查看鱼苗是否浮头和有无鱼病发生，勤捞蛙卵、蝌蚪，清除敌害；午后查看鱼苗生长活动情况，看是否有敌害和野杂鱼侵袭鱼苗，勤清除池中水草和岸边杂草，保持池塘环境卫生；傍晚查看水质和鱼苗的摄食情况，决定翌日施肥、投喂数量和是否需要加注新水，勤清除水面的白色油膜，保持水质清爽。

9. 鱼体锻炼和出塘

在正常情况下，鱼苗经过 20 天的培育，体长达 3 厘米左右，已养成夏花鱼种，这时各种鱼的食性已开始分化，而且随着鱼体的增长，养殖密度已过大，因此必须分塘稀养。分塘前须进行鱼苗身体锻炼，增强体质，使之能经受起分塘和运输等操作。同时，在密集锻炼过程中促使鱼体分泌黏液和排除粪便，提高耐缺氧的适应力，运输中可避免大量黏液和粪便污染水质，有利于提高运输途中的成活率。

(1) 拉网锻炼。通常进行 2～3 次拉网锻炼。第一次拉网又叫开网，用夏花网将全池鱼围捕在网中，提捡网衣呈网箱形，将鱼密集 10 分钟左右，然后提起网箱使鱼群集中接近水面，使鱼处于半离水状态下，在 10～20 秒时间内观察一下鱼的数量和成长情况，再及时放回池中。

隔天进行第二次拉网，用同样的方法将夏花鱼种围集后，移入网箱中，使鱼在网箱中密集，经过 1～2 小时放回池中。在鱼密集的时间内，须使网箱在水中移动，并向箱内划水，以免鱼种浮头。如不长途运输，经两次锻炼后即可过数和分塘；如要长途运输，则可进行第三次拉网锻炼，即将鱼慢慢赶动，围集起来后，让其自动进入网箱中，即可进行长途运输。拉网锻炼鱼种时应注意以下几点：

1）拉网前一天不要投喂和施肥，要将水中的水草、障碍物和青苔

等清除干净，以免妨碍拉网和损伤鱼种。

2）拉网锻炼应选择晴天 9：00～10：00 进行，中午、下午天气炎热时不能拉网，以免缺氧死鱼，暴雨时也不能拉网。

3）鱼种浮头时不能拉网，待鱼种恢复正常时再拉。

4）拉网赶鱼速度不能过快。因鱼种体形小，游动速度不快，赶得太急就会伤鱼。同时，应洗去箱眼上塞住的黏物和污物，使箱内外水体充分交换，以免鱼种在网箱内闷死。

5）水浅的池塘拉网前要加注新水，淤泥多的池塘应在网的下纲绑几个草把，以免下纲入泥。

6）鱼种进箱后，及时清除污物、粪便，防止污物和黏液堵塞网眼而引起缺氧死鱼。

7）拉网时尽量做到一网打净，使全池夏花鱼种都得到锻炼，以免造成“生”“熟”不一。

8）发现鱼种患病就不能拉网，应立即放回原池，进行治疗，治愈后再拉网，以免疾病加重或带病传染。

9）如发现鱼体幼嫩、鳃盖透红、贴网等异常现象，应马上停止拉网，放回原池，培育几天后再拉网。

（2）过数出塘。经过 2 次锻炼的夏花鱼种，用第二次拉网锻炼的方法将鱼上箱后洗箱，密集 2～3 个小时，即可进行过筛、过数分塘。

1）过筛。过筛前将夏花鱼种先集中拦在捆箱的一端，然后将空出的一端洗净，分成 2 格，中间一格用于过筛操作存放筛下之鱼，另一格存放筛上之鱼。夏花鱼种一般用 5～9 朝鱼筛筛选，过筛时放鱼量不可过多，以防伤鱼，一手握筛缓缓摇动，另一手握盘划水，使小规格鱼游出，大规格鱼留在筛内。注意动作协调，操作仔细。

2）过数。夏花鱼种的过数，多以小捞海或量杯计算，计量过程中抽出有代表性的捞海或一杯计数，然后按以下公式进行计算。

总尾数＝捞海数（杯散）×每捞海（杯）尾数

成活率＝夏花出塘数/下塘鱼苗数×100％

（三）1龄鱼种培育

鱼苗经过前一阶段的培育，个体规格达到5～6厘米，称为夏花。此时各种鱼苗的食性开始发生分化，如仍留在原池培育，由于密度过大，饲料不足，势必影响鱼苗的生长，所以必须要分开养。但如果直接放入大水体去养成商品鱼，又会因鱼体幼小，造成大量死亡。因此，还需要经过一段时间的精细饲养和管理，养至体格健壮，达到一定规格要求的鱼种，然后再进行成鱼饲养，这是一个鱼苗饲养不可缺少的环节。所谓一定规格要求的鱼种，即体长达到10～12厘米的鱼种。各地商品鱼的养殖经验证明，大规格鱼种是商品鱼高产的基础。为此，1龄鱼种饲养就是将夏花培育成10～12厘米规格鱼种的过程，主要任务是培育符合要求、足够数量的大规格鱼种。

1. 夏花质量鉴别

夏花鱼种的优劣主要从以下两个方面鉴别：一是外观鉴别，主要包括出塘规格、体色、体表、体形、活动情况等；二是通过可数指标进行鉴定。从每批鱼种中随机抽取100尾以上，肉眼观察并计数，其中畸形率、损伤率应小于1%；用鱼病常规诊断方法检查体表、鳃、肠道等，带病率应小于1%，且不能有危害性大的传染病个体。

2. 池塘条件及清塘

选择鱼种培育池塘的条件基本与鱼苗池相似，但面积要大些，一般为3～5亩，水深1.5～2米。鱼种产量和鱼种池面积、水深呈正比，换句话说，只要利于拉网、分塘操作，池塘面积再大些，水再深些都是可行的。鱼池要清塘，其清塘、消毒方法与鱼苗池相同。

3. 常规培育法

生产上大多应用混养形式，这是因为在培育夏花鱼种阶段各种鱼的活动水层、食性、生活习性已有明显差异，可以同塘混养，即确定一种主养鱼，混养几种配养鱼，以充分利用池塘水体和天然饵料资源，发挥池塘的生产潜力，在投喂方式上往往采用以肥料和青绿饲料为主，辅以精饲料（配合饲料或粉状料）的方法。

(1) 鱼种池的选择及清塘。鱼种池面积以 3～5 亩为宜,水深 1.5～2 米,面积过大,对鱼种的生长虽然有利,但容易造成同一池内水环境的不平衡,致使鱼种规格不一,影响鱼种生产效益,同时对饲养管理、拉网操作均不利。其他条件与鱼苗池要求相同,要对池底、池埂和池水进行严格消毒,以达到杀虫、灭菌的目的,创造适宜鱼种生活的优良环境。

(2) 注水和施基肥。

1) 注水。在池塘消毒后,鱼种下塘前 1 周左右注水,注水时严防敌害生物和野杂鱼进入池中。开始注水深度在 1 米左右,随着鱼体长大,陆续加水至 2 米左右。

2) 施基肥。施基肥是为了使鱼种下塘后能吃到充足的天然饵料,提高鱼种的生长速度。可每亩施用畜粪 200～300 千克,采用全池遍撒或泼洒粪汁的方法;也可每亩用人粪尿 100 千克左右,全池泼洒;混合堆肥每亩用 200～250 千克,全池泼洒;化肥最好当追肥使用。

施肥时间主要根据水温、天气和鱼的种类来决定。主养鲢鱼鱼种,施肥后 3～4 天浮游植物达到高峰时即可放鱼;主养草鱼、青鱼、鳙鱼、鲤鱼、团头鲂等鱼种则需 5～7 天时间,当浮游动物达到高峰时再放鱼。

(3) 夏花鱼种的放养。

1) 夏花鱼种的选择。放养的夏花鱼种要健壮无病、头小背厚、鳞片不缺、色泽鲜明、行动敏捷、跳跃有力、规格整齐。

2) 放养时间。一般在 5 月下旬至 7 月上旬,在条件允许的情况下,尽可能提早放养,有利于培育大规格鱼种。

3) 放养方式。搭配混养时,主养鱼要先放,2 天后再放配养鱼。尤其是以青鱼、草鱼为主的池塘,青鱼、草鱼应先下塘,依靠青鱼、草鱼的残饵粪便培肥水质,然后再放配养的鲢鱼、鳙鱼、鲤鱼、团头鲂等,这样可使青鱼、草鱼逐步适应肥水环境,也为鲢鱼、鳙鱼等准备了天然饵料。

4) 混养与搭配比例。根据各种鱼类食性和栖息习性的不同而搭配混养。混养种类要选择彼此争食少,相互有利,并有主有次,这样可

充分挖掘水体生产潜力，提高饵料、肥料的利用率。

鲢鱼、鳙鱼是滤食性鱼类，食性基本一致，但鲢鱼性情活泼、动作敏捷、争食力强，鳙鱼行动缓慢，食量大，常因得不到足够的饵料而延缓生长，所以在实际养殖中，鲢鱼、鳙鱼很少同池混养，即使混养也要拉开比例。如以鲢鱼为主的池塘，鲢鱼占 60％～70％，搭配 20％～25％的草鱼或鲤鱼，搭配 5％～10％的鳙鱼；而以鳙鱼为主的池塘，仅搭配 20％的草鱼而不搭配鲢鱼。

草鱼和青鱼均喜食精饲料。草鱼争食力强且贪食，而青鱼摄食能力差，故一般青鱼、草鱼不同池混养。如以草鱼为主的池塘，可搭配 30％的鲢鱼或鳙鱼；而以青鱼为主的池塘，可搭配 30％的鳙鱼。

鲤鱼是杂食性鱼类，常因在池底掘泥觅食把水搅浑，影响浮游生物繁殖，所以鱼种池中一般不搭配鲤鱼，如要搭配，也不得超过 10％，如果进行鲤鱼单养，可搭配少量的鳙鱼。

综上所述，在鱼种培育阶段，多采用青鱼、草鱼、鲤鱼、鲮鱼、鲫鱼、团头鲂等中下层鱼类，分别与鲢鱼、鳙鱼等上层鱼类进行混养，这样可充分利用底栖生物和中下层的饵料生物，提高鱼池生产能力。

5）放养密度。放养密度与计划养成鱼种的规格大小、放养时间的早晚、培育池条件、培育技术等有密切关系。在池塘环境和培育水平相同的情况下，放养密度取决于出塘规格，出塘规格又取决于生产需要。

一般每亩水面放养夏花鱼种 4000～15000 尾，出塘规格在 10～17 厘米。例如，每亩水面放养夏花鱼种 1 万尾左右，可养成 10～13 厘米的鱼种；每亩水面放养 6000～8 000 尾，可养成 13～17 厘米的鱼种；每亩水面放养夏花鱼种 4 000～6 000 尾，则可养成 100～150 克/尾以上规格的鱼种。

以上为二级配养法，即鱼苗养成夏花鱼种（一级），分塘后再养成 1 龄鱼种（二级），这种方式由于夏花放养前期鱼小池大，水体生产力没有充分发挥。但如放养太密，后期又会因鱼多池小而抑制鱼的生长。因此，有些地区采取三级培育法，即从夏花鱼种养到 5～6.6 厘米后再分塘稀疏 1 次。还有的地区在夏花分塘后，每 15 天拉网 1 次，不断提

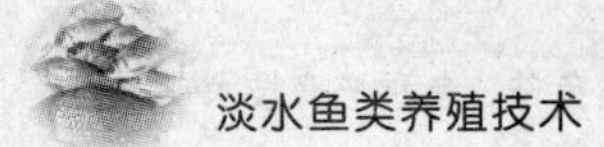

大留小，大小归队，调整密度，进行分级培育，达到充分发挥鱼池生产潜力和提高鱼种产量的目的。

（4）夏花鱼种的饲养。分塘后，夏花鱼种已能主动觅食，且食量也在日益增大。因此，要根据养殖种类的不同，采用不同的饲养方法，投喂适宜的饲料，并适当施肥。

1）主养草鱼的饲养方法。草鱼喜生活在较清新的水体环境中，以青绿饲料为主，在夏花鱼种下塘后，最好投喂芜萍，平均每日每万尾投20～25千克，以后逐渐增至40千克。20天后幼鱼长至6～7厘米时，可改喂小浮萍，每日每万尾投50～60千克，体长8厘米以上时可投喂紫背浮萍、水草和嫩的陆草。日常投喂量的增减，主要根据鱼类的食欲和水温等情况灵活掌握，以当天吃完为度。小草鱼暴食容易患病，生长情况不稳定，提高生长情况的关键是投喂适口的新鲜饵料，使其摄食均匀，吃到八成饱即可。

池塘一般每10天施肥1次，每亩水面施混合堆肥200千克。精饲料是池塘饲养鱼种的共同饲料，自夏花鱼种放养后，每日投喂1次，每次每万尾投1.5千克，以后增至每万尾2～5千克，每次先投青绿饲料，让草鱼先吃饱，后投精饲料，以免草鱼与其他鱼类争食，保证鲢鱼、鳙鱼的生长。

2）主养青鱼的饲养方法。夏花鱼种放养后，先用少量豆渣、豆糊等精饲料引诱青鱼到食台吃食，以后每日投喂2次豆糊或新鲜豆渣，每次每万尾投喂2～3千克豆糊或10～15千克新鲜豆渣，亦可少量辅助投喂芜萍。当青鱼长至7厘米以上时可改喂浸泡磨碎的豆饼、菜籽饼或大麦粉与蚕蛹等混合糊，每天每万尾投喂5～6千克，当青鱼长至10厘米以上时，就可投喂轧碎的螺、蚬，每日每万尾投20～30千克，以后逐步增加。

3）主养鲢鱼、鳙鱼的饲养方法。夏花鱼种放养后，以施肥为主，培养足够的天然饵料。除施基肥外，每7天施追肥1次。每次每亩施腐熟的堆肥或粪肥1000千克。另外，每日投喂精饲料2次，每次每万尾投喂豆饼浆1.5～2千克，以后逐步增加到2.5～4千克，以鳙鱼为主的池塘投喂量比主养鲢鱼的池塘多些，搭养的草鱼每天要在投喂精

饲料之前先投喂青绿饲料，使其吃饱，不来争食。

4）主养鲤鱼、鲫鱼的饲养方法。鲤鱼、鲫鱼在饲养初期，以摄食底栖动物和浮游动物为主。但天然饵料随后不能满足其需要时，还需投喂人工饲料，开始每日投喂1次豆渣或其他精饲料，每万尾投10～15千克，以后逐渐增加投喂量。

5）主养团头鲂的饲养方法。鱼种下塘前，先施基肥，每亩水面施腐熟的堆肥200千克，培养天然饵料生物。鱼种下塘后，每日投喂饼浆2次，每万尾用豆饼1.5～2千克磨浆投喂，一段时间以后可改喂芜萍和小浮萍，饲养后期可投喂紫背浮萍、水草或嫩的陆草。

（5）夏花鱼种的管理。

1）四定投喂。四定投喂可以提高饲料的利用率，是促进鱼类生长、提高鱼产量和防止鱼病的重要措施。

① 定位。投喂要有固定的位置，使鱼习惯在一定的地点觅食。一般每5000～8000尾鱼设2个食台。投喂螺、蚬时，将食台沉在水底；投喂草料时，用竹竿扎成三角形或四方形浮框，放在离池边1米的向阳处。

② 定时。投喂时间应相对固定。首先考虑水温，实行按温度投喂，即在水温高于30℃时，鱼白天摄食不旺，夜间可适当投喂。即使在摄食旺季，增加夜间投喂，也是增产的有效措施。常规投喂一般每日2次，以9：00～10：00和15：00～16：00为宜。青绿饲料以下午投喂为主，即上午投喂精饲料之前只投少量青绿饲料，下午再多投，供鱼类在下午和夜间摄食。

③ 定质。投喂的饲料首先要保证质量，要求新鲜、干净、适口。青绿饲料要现采现喂，保持鲜嫩。

④ 定量。根据鱼类需求量和摄食强度，确定适宜的投喂量，避免过多过少或忽多忽少。投喂量应依据不同鱼类、不同规格、不同季节和天气、水温、水质以及鱼类摄食情况灵活掌握。7～9月水温一般为25～32℃，鱼类新陈代谢旺盛，摄食力强，是生长的盛期，投喂量要多；发病季节投喂量要少；天气闷热、气压低、雷雨前后要减少投喂量或停止投喂。

每日16：00～17：00检查鱼类摄食情况，如投喂的饲料全都吃光，翌日可适当增加或保持原投喂量，如吃不完，第二天要酌情减少。

2）日常管理。鱼种池的日常管理主要有以下几方面：

① 巡塘观察。每日早晨和下午各巡塘1次，观察水色和鱼种的活动情况，决定是否注水、施肥和翌日的投喂量。若发现浮头现象且时间过长，应立即加注新水；若不浮头，说明水质不肥需追肥。若发现病情，应采取措施治疗。

② 适时注水，稳定水质。春秋季每15～20天注水1次，每次注水10厘米左右。水质过肥或天热时可多注水，必要时排出一部分老水，再加新水，使水体透明度保持在25～30厘米。草鱼池在8月至9月初，需要及时加水调节水质。

③ 经常清扫食台和食场。食台和食场要经常清扫或消毒，一般每隔10天清洗1次食台，并经日光曝晒后再使用。经常清扫食台下的残饵，随时清除塘边杂草，捞出塘中的草渣、污物，保持食场周围环境卫生。

另外，还要做好防病、防敌害、防洪、防逃工作。

4. 快速培育法

即越过鱼苗到夏花由专池培育的模式，把鱼苗直接养成大规格鱼种，实质上就是稀养促进生长。因此，鱼苗放养密度要稀，每亩放养2万～2.5万尾。鱼苗下塘前，施足基肥，培肥水质，做到肥水下塘。鱼苗下塘前先过数，进行混养，但同一塘中，同种鱼苗要一次放足，不同种鱼苗在5天内放齐，以免鱼苗生长参差不齐。各种鱼苗混养比例如下：主养草鱼时，草鱼占70%，鲢鱼或鳙鱼占20%，鲤鱼占10%；主养鲢鱼时，鲢鱼占70%，草鱼占20%，鲤鱼占10%；主养鳙鱼时，鳙鱼占70%，草鱼占20%，鲤鱼占10%；主养鲤鱼时，鲤鱼占70%，草鱼占10%，鲢鱼或鳙鱼占20%。采用这种方法培育鱼种，对池塘水肥条件和清塘操作要求较高，因前期培育的鱼苗小，池塘水体相对较大，鱼苗下塘后15天内，施肥培养的天然饵料生物尚可以满足鱼苗的需要。但随着鱼苗的生长，就要加强投喂，并及时追肥。

5. 高产培育法

为挖掘鱼塘的生产潜力，提高鱼种产量和规格，满足成鱼养殖对大规格鱼种的需要，很多地区采用高密度混养的高产技术，进行大规格鱼种高产培育法，使每亩的鱼种产量达到600千克甚至更高，体长达到15厘米以上。这种培育方法适用于鱼种池水系完整、水电系统和增氧设施配套水平高的渔场。

(1) 设施配套。鱼池水深2～2.8米，水源清新，进、排水分开；每3～5亩水面配置1台叶轮式增氧机，并依据池塘总动力负荷的70％配置备用发电设备，以备停电急救之用。

(2) 夏花鱼种放养。确定1～2种主养鱼，主养的夏花鱼种放养密度为1.5万～2.5万尾/亩；吃食鱼夏花比肥水鱼夏花提前20～30天放养，以免出塘时规格不匀，影响销售。

(3) 施肥。可采用粪肥和化肥结合的方法，粪肥肥水慢，但肥效持久稳定；化肥肥水快，但肥效时间短。所以，两种肥料配合使用，可以相互补偿。施肥主要用于鱼种培育前期。施化肥要根据水中饵料生物的多少而定，每次用量不宜过多，一般每次每亩水面施尿素1.5千克。

(4) 投喂。根据主养鱼不同生长阶段所需营养的不同选取相对应的饲料。在不同生长时期配合饲料时，主养鱼生长所必需的氨基酸要达到平衡，动物性蛋白质与植物性蛋白质搭配适当。要选取没有受污染的饲料原料，并且不能受潮、生虫、腐败变质。豆粕要经过破坏蛋白酶抑制因子的处理。

采用“四定”投喂法。在固定投喂点搭饲料架，以便养殖者在上面投喂。每次投喂时间需相对固定，两次投喂间隔时间为3～4小时。每次投喂根据鱼体重的大小，控制在鱼体重的5％～7％，不能饥一顿、饱一顿，以八成饱为准。固定由技术熟练的工人进行专职、专塘投喂，不同季节投喂次数(鱼种和成鱼一样)有所不同。每天在投喂配合饲料前辅投青绿饲料1～2次，以满足养殖对象生长需求，降低饲料系数。

(5) 调节水质。

1) 勤加水。下塘初期，为在短期内培育出丰富的天然饵料，池水深度可控制在1米左右。随着鱼体生长，水温升高，应逐渐提高水位，多次往池中注水，7月达到最高水位。

2）泼洒生石灰。由于肥料残渣等有机质的分解和鱼类排泄物的积累，水质渐趋老化，表现为酸碱度、透明度降低，在这种情况下，单靠注少量新水是难以改变水质的，而泼洒生石灰则能产生明显的效果。它不但能提高水的硬度，增加水中的溶解氧，而且能改善浮游生物的种群结构，生石灰用量为每亩每次20千克左右。

3）提高水位，增大水体。这主要是充分发挥和利用水体空间，使鱼类活动场所相对宽畅，有利于鱼的生长发育。当水深在2米以上时，水中生物的理化因子变化较慢，水质较好且稳定。此外，当阴雨天池水溶解氧量下降至3毫克/升以下时，应及时开启增氧机增氧；高温天气，也可在午后开机1～2小时。

（6）鱼病防治。采取预防为主、防治结合的综合措施，应注意以下几点：一是先用生石灰彻底清塘；二是注意调节水质，使鱼类处于稳定的生活环境中，减少染病机会；三是精心饲养，饲料要新鲜适口，使鱼体质健壮，增强抗病力；四是在鱼病流行季节，每5～10天泼洒1次漂白粉；五是要派专人负责，早晚巡塘，以便发现问题及时处理。

6. 并塘越冬

秋末冬初水温降至10℃以下时，鱼已基本停止摄食，留塘鱼种要捕捞出塘，按种类、规格分类归并，分别囤养在于深水越冬池越冬。

（1）并塘越冬时的注意事项。应在水温为5～10℃的晴天拉网捕鱼，分类归并。若温度过高，鱼类活动能力强，拉网过程中鱼类挣扎易受伤；水温过低，特别是严冬和雪天不能并塘，此时并塘鱼体易受冻伤造成鳞片脱落出血，翌年春季容易发生水霉病，降低成活率。拉网时应停食2～3天。

（2）越冬池应具备的的条件。越冬池应选择背风向阳、地势较低、池底平坦并有少量淤泥、池埂坚固、不渗漏的池塘。面积一般为2～8亩，水深2.5～3米。高寒地区面积可大些，水层更深些。放鱼前，越冬池应彻底清整消毒，并培肥水质。

7. 鱼种出塘和鱼种质量鉴别

（1）鱼种出塘。是指已养成的大规格鱼种转塘养成成鱼、分塘稀养和并塘越冬，凡要出塘的鱼种，都要进行1～2次拉网锻炼，即使是在养殖场内并塘越冬或近距离运输，也应拉网锻炼，否则极易造成伤亡。若远距离运输，还应停箱暂养一夜后再起运。

鱼种的计数一般采用重量计数法，首先随机取少量鱼种，量出规格，称其重量，然后计算出每千克的尾数，再计算出总尾数。

（2）鱼种质量的鉴别。根据实践经验，优质鱼种的标准如下：同池同种鱼的规格整齐，大小均匀；体质健壮，背部肌肉丰厚，尾柄肌肉肥满，争食力强；体表光滑，体色鲜明有光泽，无病无伤，鳞片和鳍条完整无损；游泳活泼，集群活动，溯水性强，受惊时迅速潜入水中，在密集环境下头向下，尾不断扇动，倒入鱼盆中活蹦乱跳，鳃盖紧闭。

（四）2龄鱼种培育

我国池塘养鱼的生产周期，是指把鱼苗、鱼种养成食用鱼的全过程，一般为2～3年。1龄鱼种经第二年饲养后还不能达到当地市场需要的使用规格，不能上市，继续饲养1年再上市，而需要转到第三年饲养的鱼种，统称2龄鱼种，也叫老口鱼种。成鱼饲养经验证明，放养2龄鱼种绝对增重最快，再经1年的饲养，草鱼可长到2～3千克，青鱼可长到2.5～3.5千克，鲢鱼、鳙鱼也能长到1.5～2千克。因而适量放养2龄鱼种，是成鱼饲养获得高产、稳产的一项重要措施。

1. 成鱼饲养池套养培育法

所谓套养，就是将同一种类不同规格的鱼种按比例混养在鱼池中，经一段时间饲养后，将达到食用规格的鱼捕出上市，适时补放小规格鱼种，随着鱼类的生长，各档规格鱼种逐级提升，相应长成大中规格鱼种供翌年放养。采用这种方法，成鱼饲养池中有80%左右鱼种可以上市，20%左右为翌年放养的鱼种，这些鱼种可基本满足成鱼池冬放的放养量。不同的鱼类因食性和生长速度不同，适宜套养鱼种的规格也是不同的，鲢鱼、鳙鱼和鲮鱼宜补放夏花或小规格鱼种；异育银鲫、

鲤鱼、团头鲂适宜补放中规格鱼种；对一些成活率波动范围较大的种类如草鱼、团头鲂、青鱼适宜补放大规格鱼种。值得一提的是，由于成鱼池饵料充足，适口饵料来源广泛，套养的鱼种、夏花生长速度快，成活率高，这种方法挖掘了成鱼饲养池的生产潜力，降低了生产成本。

2. 专池培育法

成鱼饲养池套养2龄鱼种是目前实现鱼种放养的主要方法，但在个别地区还保留专池培育2龄鱼种的方法。饲养2龄鱼种的放养密度和混养比例，由于各地区的技术和习惯不同而有所差别，但都应根据当地的池塘条件、主养鱼类、饲料和肥料来源以及饲养管理水平等因素决定。一般主养鱼应占70％～80％，配养鱼占20％～30％，放养密度以每亩放3000～5000尾为宜。

(1) 2龄草鱼的培育。

1) 混养模式。2龄草鱼可与鲢鱼、鳙鱼混养，每亩放养体长13厘米左右的草鱼800～1000尾，混养体长12厘米左右的鲢鱼200尾、鳙鱼40尾。

2) 饲养管理。投喂饲料应根据草鱼的生长情况和饲料的季节性、适口性进行选择，一般在3月开食后，投喂糖糟等饲料，每亩投2.5～5千克，每隔2天投喂1次；4月投喂浮萍、宿根黑麦草、轮叶黑藻等；5月投喂苦草、嫩旱草、莴苣叶等。投喂量应根据天气和鱼类摄食情况而定，一般正常天气时以上午投喂到16：00吃完为度。6月梅雨季节，每天投喂嫩草和紫萍，以3～4小时吃完为宜；9月天气渐凉，投喂量尽量满足鱼的需要。投喂时应做到“四定”，以免影响水质，并随时捞除残渣剩草。对草鱼塘中混养的鲢鱼、鳙鱼，一般无需另外投喂，只要视水质的肥度，适当施肥和注水调节即可。

(2) 2龄青鱼的培育。

1) 混养模式。以青鱼为主，每亩放养1龄青鱼700尾，同时适当套养1龄花白鲢300尾、1龄草鱼150尾和团头鲂220尾。

2) 饲养管理。2龄青鱼开始由摄食精饲料转为摄食螺、蚬等动物性饲料，而且青鱼贪食易生病，因此要掌握新鲜、适时、适量、适口的投喂原则，可采取精饲料领食补食，小螺、蚬开食，逐步投喂螺、蚬的投喂

方法，投喂时重点抓好以下几个环节：

一是早开食、晚停食。早春水温低，鱼种活动能力不强、消化能力差，应投喂易消化的饲料，如糖糟、麦粉或麦芽等，为后期投喂豆饼和螺、蚬打下基础。如投放的鱼种规格不一，应在同一池内为小鱼设置专门食台，以免大鱼因抢食过饱而患肠炎，小鱼则摄食不足而生长缓慢。

二是选择适口的饲料。饲料由细到粗、由软到硬、由少到多，逐级交叉投喂。要把好青鱼转食关，必须做到投喂饲料从少到多、从素到荤、素荤结合、逐步过渡和以素补荤。例如，在由糖糟、豆饼等转向螺、蚬等动物性饲料时，最好在开始采用糖糟、豆饼等精饲料与蚬秧或轧碎的螺、蚬开食，由于温度低，每4～5天投喂1次，每次每亩投4千克左右。4月改喂轧碎的螺、蚬，每次投喂25千克，逐渐增加，以24小时内吃完为宜。5月投喂轧碎的螺、蚬，6月开始投喂螺、蚬，隔日投喂100～150千克，7～9月逐渐增加。在青鱼易发病季节，螺、蚬应少喂，改喂易消化的糖糟、豆饼等。待发病季节过后，天气凉爽时，青鱼的旺食季节投喂量应尽可能满足其生长需要。

三是投喂要均匀。投喂量要根据季节、鱼的生长和食欲来决定，适时、适量地投喂，保证鱼能吃饱、吃匀、吃好，这是提高2龄青鱼鱼种生长速度的关键。在正常情况下，螺、蚬以9：00～10：00投喂、15：00～16：00吃完为度；精饲料上午投喂，以1小时内吃完为宜。若不能按时吃完，则应酌情减少投喂量；若提前吃完，则应适当增加投喂量。每天具体的投喂量还应视天气、水情、鱼情来加以调节，保持鱼吃七八成饱，这样能保持鱼的食欲旺盛，有利于鱼的正常生长。按季节的投喂规律是春季投足，夏季控制，秋末多投，冬季不停。宜用配合饲料培育青鱼，配合饲料养鱼效果好，且成本比较低廉，由于螺蛳等自然资源匮乏，青鱼饲养业由于配合饲料的产生，在长江三角洲一带又重新活跃起来。2龄青鱼鱼种的饲料蛋白质含量要求在50%以上，其中动物性蛋白质的比例尽量高一些。

(3) 2龄鲢鱼、鳙鱼的培育。在以鲢鱼、鳙鱼为主养品种的地区，可设专养池饲养2龄鲢鱼、鳙鱼鱼种，每亩放养13厘米左右的鱼种1500～2000尾，饲养到150～200克左右出塘，配养其他吃食性鱼种，

每亩单产可达 500 千克以上，其中 2 龄鲢鱼、鳙鱼鱼种可达 250 千克以上。

（4）以 2 龄草鱼为主、套养成鱼的培育。即在 2 龄草鱼鱼种饲养池中充分利用水体空间，进行多品种混养，套入大、中、小（夏花）规格的其他鱼种同时混养的培育方式。在饲养的中后期随着鱼体长大，捕出已达到食用鱼规格的个体，不断使池塘保持合适的容纳量，因而不同规格的鱼类都能保持较快的增长。长江中下游地区在 7 月成鱼池扦捕后每亩套养 50～100 尾当年鲢鱼、鳙鱼夏花，年终出塘时每尾规格可达 0.2 千克左右；在广东地区还可混入鲮鱼和异育银鲫夏花，在产出 2 龄草鱼的同时生产出肥水鱼食用鱼和一批异育银鲫、鲮鱼 1 龄鱼种，取得较高的产量和效益。

七、淡水鱼类成鱼养殖技术

池塘成鱼养殖的特点是既要求鱼种快速生长达到上市商品鱼规格，同时又要求池塘单位面积鱼产量高。因此，在养殖过程中必须实行混养、密养、施肥、投喂和轮捕轮放等措施，才能达到上述目的。

（一）成鱼养殖技术相关内容

1. 池塘鱼产力与池塘鱼产量的概念

池塘鱼产力是指在某一时期水体中各种生物和无机物、有机物转化为鱼产品的能力。它的衡量标准是该池塘在一定经营模式下，饲养某种鱼类所能提供的最大鱼产量。在粗放养殖中，鱼产力决定于该水体的供饵力和鱼类生活的环境条件；而在投喂养殖中，则主要取决于饲料的质和量以及鱼类生态环境的优劣。

池塘鱼产量是指在一定时间（多指1年）内，池塘单位面积或体积中，某种鱼或某些鱼所增长的重量。其计算方法是从单位面积（或体积）收获鱼产品的重量中减去单位面积（或体积）鱼种放养量。鱼产量是由多种因素决定的，因此常有较大变动，它是各单位年度养鱼生产成绩的指标，并不是池塘的固有属性。

2. 影响池塘鱼产量的因素

影响池塘鱼产量的因素主要指地理位置、气象状况、池塘条件、饲料和肥料供应情况、所养鱼的生产性能和养鱼的方式与技术等方面。

（1）地理位置与气象状况。鱼类摄食欲强、增重快的时间叫做鱼类的生长期，一般温水性鱼类在10℃以上即开始增长重量。但在养殖过程中较显著的增长则在15℃以上，就一般情况而言，生长期较长的地区池塘的鱼产量较高。

气象状况是由许多自然因素(包括温度、太阳辐射、日照时间、湿度、大气压、雨水、风等)相互作用所形成的,气象状况对生物生长有着重要的作用,其影响是多方面的,在渔业生产中,对鱼产量影响比较大的因素主要是鱼类生长期的长短和生长期中日照时数的多少。

(2) 池塘条件。在养殖池塘中,水质、水量、底质和形态等这几项对鱼产量有着重要影响。

(3) 饲料和肥料供应情况。饲料和肥料是养鱼的物质基础,可以说所有的鱼产量都是用饲料和肥料换来的。池塘鱼产量的高低,主要取决于饲料的数量和质量,而饲料的种类、加工方法和投喂技术,又决定着养鱼的成本和经济效益,精养高产池塘饲料的费用可占养鱼成本的 50%~70%。

施肥则是提高池塘天然饵料数量的主要手段,又是调节池塘水质的重要措施。因此,肥料是养鱼的间接饲料。饲料和肥料的供应是影响鱼类生长和最终鱼产量的最主要因素之一。

(4) 所养鱼的生产性能。鱼的生产性能是指它的生长速度、是否耐密养、能否混养、食性和饲料转化率等性状。生长速度快的鱼,生产性能高,但池塘养鱼的产量是由群体产量构成,耐密养的鱼在饲养密度较大的情况下仍能保持健康和正常生长的能力,可以混养的鱼在与其他鱼类混养时能够相互得益而不致发生吞食、咬伤、竞争饲料和空间等不利局面,这样在生长速度相同的情况下,越是耐密养和混养的种类,群体生产量或单位水体生产量就可能越高。食物链越短的鱼生产性能越高,在食性相同的情况下,饲料转化率不同会使养殖鱼类具有不同的生产性能,饲料转化率高,则养鱼成本下降,使用同样的投资,可提高鱼产量。

(5) 养鱼的方式和技术。同一池塘,养殖同种鱼类,如果养殖方式不同,鱼产量可能相差很大;同属一种经营方式,采取的措施和技术水平不同,鱼产量也可能有很大的差别。一些现代化的新技术、新方法可大幅度提高鱼产量。

3. 成鱼养殖的技术措施

成鱼养殖的技术措施，总结为"八字精养法"。其主要内容包括水、种、饵、混、密、轮、防、管等 8 个方面，具体如下。

水：养鱼池塘的环境条件包括水源、水质、池塘面积和水深、土质、周围环境等，这些条件必须适合鱼类生活和生长的需求。

种：要有数量充足、规格合适、体质健壮、符合养殖要求的优良鱼种。

饵：供应饲养鱼类所必需的充足的、营养丰富的饲料，包括施肥培养池塘中的天然饵料生物。

混：实行不同种类、不同年龄和规格鱼类的混合养殖。

密：合理控制放养密度，鱼种放养又多又合理。

轮：轮捕轮放，在饲养过程中始终保持池塘鱼类较合理的密度。

防：做好鱼类疾病的防治工作。

管：实行精细科学的池塘日常管理。

"八字精养法"全面系统地概括了养鱼高产技术经验，是我国水产科技工作者的经验的总结。对指导群众科学养鱼，推动渔业生产发展起到积极作用。但是，要真正掌握这些经验，必须要了解它们之间的相互关系，在生产实践中综合运用、合理安排，才能进一步提高养鱼生产技术水平，获得高产、高效益。"八字精养法"的各个方面，联系密切，构成多层次的网络结构，且相辅相成。

(1)"水、种、饵"是池塘养殖的基本要素，也是稳产、高产的物质基础。渔业养殖生产要求具有较好的水体环境，数量足、规格适宜、体质健壮的鱼种以及价廉物美、营养全面的饲料。

(2)"混、密、轮"是渔业高产的三大技术措施。混养是劳动人民在长期生产实践中，观察鱼类之间的相互关系，巧妙利用它们之间的互补关系，缩小或限制不利的因素，逐步积累起来的宝贵经验，能充分发挥"水、种、饵"的生产潜力。密养以合理混养为基础，充分利用池塘水体和饲料，发挥鱼类群体的增产潜力。轮养是在混养密放的基础上，延长和扩大池塘养鱼的时间和空间，不仅使混养品种、规格进一步增加，而且使池塘在整个养殖过程中始终保持合理的密度，最大限度

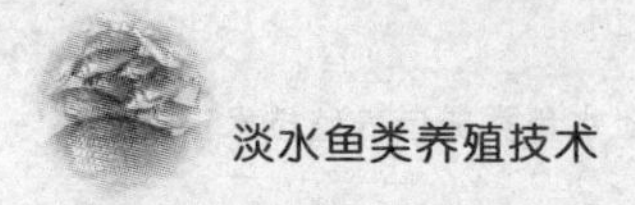

地发挥生产潜力，同时做到均衡上市，确保常年有鱼供应。

(3)“防、管”是实现池塘养鱼稳产、高产的根本保证。实践证明，仅有“水、种、饵”的物质基础和运用“混、密、轮”的技术措施还不能保证稳产、高产，只有充分发挥人的主观能动性，通过“防、管”来综合运用这些物质基础和技术措施，才能达到稳产、高产的目的。

池塘养鱼实现高产的过程，是一个合理解决水质和饲料这对矛盾的过程，合理搭配密养是取得高产的先决条件，密养后必须大量投喂饲料和施肥才能满足鱼类生长所需，而投喂和施肥时带来的后果就是容易败坏水质，引起鱼类浮头，这是池塘养鱼实现高产的一对矛盾，也是具备物质条件情况下能否取得高产的关键所在。在养鱼生产实践中，解决这对矛盾的经验是：水质保持“肥、爽、活”，投喂做到“匀、好、足”。保持水质“肥、爽、活”，不仅使鲢鱼和鳙鱼有丰富的浮游生物来作饲料，而且草鱼、鳊鱼、团头鲂、鲤鱼、青鱼等品种在密养条件下也能最大限度地生长，不易患病。投喂做到“匀、好、足”，既能保证投喂的饲料能满足吃食性鱼类的摄食需要，又能不浪费饲料，减少鱼类排泄物和饲料的残留量，保持良好的水质。在生产实践中，一是采用“四定”投喂，做到“匀、好、足”，并控制好水质；二是采取合理使用增氧机，及时注换新水等措施改善水质，使水质保持“肥、爽、活”。

（二）鱼种放养前的准备工作

1. 池塘清整

为了恢复池塘的肥力，改善底质状况，减少泛池的概率，提高鱼产量，凡养过鱼的池塘或蓄水多年的池塘，在放养鱼种前都要先行全面地修整和清理，具体方法可参考鱼苗、鱼种培育的相关内容。

2. 施基肥与注水

池塘养鱼一般均采用多种鱼类混养的养殖方式，其中以浮游生物为主要饵料的鲢鱼、鳙鱼往往占有很大比例。因此，在鱼种放养前，需要在池塘中施基肥来繁殖浮游生物以供鱼类摄食。同时，为保持一定的浮游植物量，以便通过光合作用增氧，故养殖其他鱼类也都要施用

一定数量的肥料把池水先培育好。

一般池塘应在清塘5～6天以后、鱼种放养7～10天以前施基肥。以有机肥为好，也可施用化肥。在注水以后或注水时施肥为佳，这样可以减少肥分的挥发损失，粪肥如未腐熟则宜在注水前2～3天施入。

池塘注水时间一般在清塘5～6天后、春季放养7～10天前进行。春季放养的池塘，如果水源可靠，可以按要求调整水深。在清塘后初次向鱼池灌水时，不宜灌得太深，50～80厘米即可，这样水温容易升高，有利于水质转肥和鱼群的摄食成长。以后随着水温的升高和鱼体的增大逐步加水，6月底水温达24℃以上时，加到最大深度。秋季放养的池塘，池水应一次加到最大深度，以便池鱼在深水中越冬。

为避免野杂鱼类混入池中，在注水时需要用筛网做好过滤工作。

（三）放养鱼种规格与养鱼周期

鱼种规格指要放养的鱼苗的大小，与年龄和饲养方法有密切关系。渔业生产上常用的有1～2龄不同规格的鱼种来养殖。养鱼周期是指鱼苗养成食用鱼整个过程所需要的时间。在我国池塘养鱼的周期一般为2～4年，少数为1年，其中最后一年（或数月）为鱼种养成食用鱼的阶段，前1～3年（或数月）为鱼苗养成鱼种阶段。鱼种规格同养鱼周期有密切关系，因此这里把它们放在一起介绍。

在我国大部分地区，鲢鱼、鳙鱼、鲤鱼、鳊鱼、团头鲂、鲫鱼等品种的养殖周期一般为2年（少数为3年），鱼种为1龄（少数2龄）。它们的规格分别为：鲢鱼、鳙鱼根据是否轮捕轮放，有体重0.3～0.4千克（2龄）、0.1～0.2千克和全长15～17厘米等不同规格；鲤鱼、鳊鱼、团头鲂全长10～13厘米；鲫鱼全长4～7厘米；草鱼、青鱼的养殖周期为3～4年，鱼种2龄以上，体重0.5～1千克（青鱼比草鱼大些）。

在气候较暖的两广地区，鱼类生长期较长，养鱼周期相应较短，一般为2年，部分鲢鱼、鳙鱼为1年。鱼种规格分别为：鳙鱼0.5千克以上；鲢鱼全长17厘米左右，大的0.15～0.2千克；草鱼0.25～0.75千克；鲮鱼每千克16～24尾。

生产上采取这样的养鱼周期和培养方法，选择这样的鱼种规格，主要基于以下原因。

（1）根据鱼类生长的自然规律。鱼体越小，相对增量率越大，那时食物用于生长所占的比值也越大，因此在养成的食用鱼符合市场要求规格的前提下，以放养低龄的较小鱼种为合适，采取较高的饲养密度，较放养高龄大规格鱼种而密度较小者鱼产量要高，饲料系数也较低。对于主要摄食池塘天然饵料生物的鱼类尤其如此，因为这样可以充分利用池塘中的天然饵料，提高鱼产量。因此，鲢鱼和鳙鱼一般都放养1龄鱼种，以较大的饲养密度来获得较高的产量。鲤鱼、鳊鱼、团头鲂、鲫鱼等也大多放养1龄鱼种，虽然养成的食用鱼规格小些，但鱼产量高，在经济上也是合算的。

（2）根据不同鱼类的生长特点。在池塘养殖条件下，青鱼和草鱼（特别是青鱼）在高龄期生长速度较鲢鱼、鳙鱼快，因此饲养周期一般较长，鱼种规格较大。此外，青鱼、草鱼鱼种饲养较困难，由于1龄草鱼和2龄青鱼的成活率很低，鱼病问题也未能得到很好的解决，为了合理地利用鱼种，充分发挥鱼种的生产潜力，故要求其规格大一些，养成食用鱼的可能性也大些。青鱼、草鱼的食性和鲢鱼、鳙鱼等不同，在饲料中需摄食人工投喂的草类、螺、蚬等饲料，如鱼种规格过小，摄食能力差，对较粗大的饲料不能很好地利用，会影响其生长。因此，必须预养到较大规格后才放入成品鱼池塘中饲养，这时鱼种摄食能力强，能取食较粗大的饲料而顺利生长。青鱼、草鱼鱼种的大小，不仅关系其本身的生长，而且影响同池混养的鲢鱼、鳙鱼的生长。青鱼、草鱼鱼种规格大则利用食物的范围广，摄食量大，粪便也多，因此肥水作用大，能在池塘中繁殖更多的浮游生物，带动鲢鱼、鳙鱼等一起增产。

（3）养鱼措施不同，养鱼周期和对鱼种规格的要求也不同。如轮捕轮放是主要的增产措施之一，由于采取这一措施，商品鱼（主要是鲢鱼、鳙鱼）饲养的时间缩短了，因此要求放养鱼种的规格也较大。广东省的多级轮养制，由于合理调整各级鱼塘的密度，培养鱼种的规格增大了，鱼种和商品鱼饲养的时间也缩短了，这样既提高了鱼产量，又缩短了养鱼周期。从这方面来说，鱼种规格相对大些对提高鱼产量是有利的。

由此可见，对鱼种大小规格的要求和养鱼周期的确定，是根据多方面因素决定的，而不是单从某一方面考虑的结果，目的就是要求在养成商品鱼的规格以符合市场需要的前提下，提高池塘单位面积的鱼产量。

（四）混养和密度

多品种混养是提高池塘鱼产量的重要措施之一，也是我国池塘养鱼的一个显著技术特点，它利用养殖鱼类之间的相互关系，巧妙地运用其有利的一面，尽量避免或缩小其矛盾和不利的一面而逐步积累起来的宝贵养鱼经验，并贯穿鱼类养殖从亲鱼培育及鱼种培育，再到成鱼养殖的全过程，在实践中取得显著的增产效果。

1. 混养的科学依据和意义

（1）提高池塘水体中各种天然饵料的利用率。水体中的天然饵料有浮游生物、底栖动物、水生高等植物（水草）、有机碎屑等几大类。虽然鱼类在一定程度上是广食性的，但由于形体结构和生理特征的不同，各种鱼的食性又有区别，即喜欢摄食某一类天然饵料。如鲢鱼、鳙鱼主要摄食浮游生物，草鱼、鳊鱼、团头鲂主要吃青草，青鱼吃螺、蚬等底栖贝类，鲤鱼、鲫鱼除摄食底栖动物外，亦摄食有机碎屑。将这些鱼类混养在一起，就能全面、合理地利用池塘中的各种天然饵料资源，充分发挥池塘的生产潜力。

（2）充分利用池塘水体，提高放养量。从主要养殖鱼类的栖息习性来看，它们分别生活在池塘中的不同水层，分为上层鱼、中层鱼和底层鱼三类。上层鱼以摄食浮游生物的鲢鱼、鳙鱼为代表，中下层鱼则是草食性的草鱼、鳊鱼、团头鲂等，而鲮鱼、鲤鱼、鲫鱼、青鱼等属底层鱼，将这些鱼类混养在同一池塘中，可充分利用池塘各个水层，在不增加各水层鱼种放养密度的情况下，增加全池的鱼种放养量，为提高鱼产量奠定基础。

（3）发挥养殖鱼类之间的互利关系。鱼类的合理混养可以使它们处于一种互为生存、互相促进的生态平衡之中。如草鱼、鳊鱼、团头鲂等吃食性鱼类，其吃剩的残饵和排出的粪便，经生化作用后成为肥料，培育出大量浮游生物，正好作为鲢鱼、鳙鱼的食料。而草鱼食量大，排出粪便多，若单养则水质容易变肥，不适于草鱼喜清水的习性，混养鲢鱼、鳙鱼来滤食浮游生物，能起到滤水清肥的作用，又能使草鱼生活在清水环境中，一举两得，变废为宝，互相促进，既可减少饲料成本，又可增大放养密度，提高鱼产量。渔谚"一草带三鲢"就是对这种养殖方法的高度概括。对于混养的鲤鱼、鲫鱼、罗非鱼、鲮鱼等杂食性鱼类，可以通过它们的摄食活动清除池塘中的腐败有机物，一可清洁池塘，二可翻松底泥和搅动池水，有助于有机物的分解和营养盐的循环。

生产实践中往往在成鱼塘中混养少量乌鳢、黄颡鱼、鲶鱼等凶猛鱼类，既可清除与家鱼争夺饲料的野杂小鱼虾，提高饲料利用率，又可收获一些经济价值高的优质鱼类，可谓一举多得。

2. 合理混养的原则

在混养过程中，各种鱼类之间也有互相矛盾和排斥的地方，要限制和缩小这种矛盾，就必须根据自然条件、池塘环境、饲料供应等情况，确定主养鱼和配养鱼的放养密度、规格，合理密养，才能达到相互促进，提高鱼产量的目的。否则混养品种之间发生饲料和水体的竞争，容易破坏生活环境，甚至直接相互侵害，这都大大影响鱼的生长速度和成活率。因此，要实现合理混养，减少鱼类之间竞争，必须注意以下几方面：

(1) 鱼种关系互补作用。混养在于合理的利用池塘天然饵料和水体，这就要求养殖的鱼类在食性和生活环境上必须有一定的分化，各种鱼之间必须基本上是互补关系，而不能是竞争关系。

(2) 饵料、水体相对充裕。各种鱼类在食性上和生活环境上的分化并不是绝对的，当饵料不足时，鱼类会从摄食主要饵料转为摄食次要饵料，甚至摄取平时基本不吃的饵料。这样中间关系从原来的互补转为争夺，或者从相对协调转为竞争。在生活环境上，鱼类都有各自的栖息水层，当密度过大时，某一水层的鱼就会侵入邻近区域，与其他种类争夺水层。如果饵料和水体呈现紧张状态，鱼类习性的分化消失了，混养的积极意义也就随之消失。如鲢鱼、鳙鱼之间，鲤鱼、青鱼之

间，草鱼与鳊鱼、团头鲂之间，同种鱼类的不同规格之间，都会因此产生竞争关系而限制彼此生长，最终影响鱼产量的提高。

要避免这一不利局面，首先要求池塘够大、够深，饵料丰富，在饵料种类和生活水层上变化较大，增大混养程度；其次是要限制总的放养量，使之与池塘的生产力相适应。同时，要合理确定各种鱼的搭配比例，尽量克服种类之间的相互矛盾。

(3) 避免种类互相残食。这就要求混养肉食性鱼类必然以不能吃放养的其他鱼种为前提，因为池塘混养的肉食性鱼类多是名贵品种，市场售价高，合理混养有利于提高经济效益。但这些凶猛鱼类也会吃掉其他鱼种，得不偿失。解决的办法是：放养的其他鱼种要比凶猛鱼类的规格大，从体形上的差异来限制凶猛鱼类对其他鱼种的危害。同时，混养凶猛鱼类的池塘，一般也是野杂鱼较多或罗非鱼过度繁殖的成鱼池，在放养数量上一定要合理安排，有所限制。

3. 混养类型和混养比例

(1) 混养类型。池塘养鱼一般都混养 7～8 种鱼类，高产池塘多数在 10 种以上，其中以 1～2 种鱼为主，称主养鱼，在数量或重量上占较大比例，而且是饲养管理的主要对象，其余数量或重量较少的混养搭配鱼类称配养鱼，在饲养中不作或较少专门管理，取食依靠投喂给主养鱼的部分饲料或池中的有机碎屑和天然饵料生物而成长。主养鱼固然是饲养的主要对象，对提高产量起着决定作用，但配养鱼也是池塘高产不可缺少的种类。一般来说，配养鱼种类多，增产效果也较大，而且所花成本低，收益相对较高。

主养鱼的选定要根据鱼种来源、饲料供应和池塘条件等因素决定，配养鱼的选择在一定程度上也受这些因素的限制，但主要还视主养鱼的种类而定。如以养草鱼为主的池塘一般多配养鳊鱼、团头鲂，以青鱼为主的池塘多配养鲤鱼。除以鲢鱼、鳙鱼为主的池塘外，其他类型的池塘一般都混养鲢鱼、鳙鱼，鲢鱼、鳙鱼是混养池中必备的鱼类，这主要是由于它们能充分利用池塘中的浮游生物而生长。此外，鲫鱼、鲴鱼、鲮鱼、罗非鱼等都可作为食用鱼池塘混养搭配的种类，可根据具体情况选用。

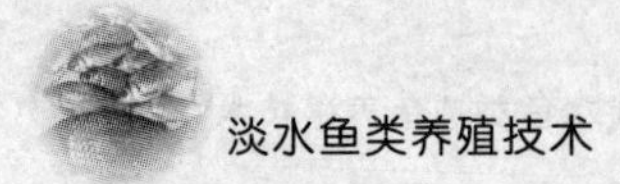

(2) 混养比例。各种鱼类的混养比例,因混养类型不同而有很大差别,即使同一种混养类型,因肥料和饲料供应情况、池塘条件、鱼种规格及养鱼措施的不同,而引起的变动幅度也较大。如鲢鱼、鳙鱼、草鱼等混养的池塘,若肥料来源充裕,施肥量多,可多养鲢鱼、鳙鱼,如果草类饲料多,则可多养草鱼,它们之间没有严格的比例关系。以草鱼和青鱼为主,或草鱼、青鱼并重的池塘,如不施肥或很少施肥,则鲢鱼、鳙鱼主要靠草鱼、青鱼、鲤鱼、鳊鱼等摄食人工饲料后排出的粪便肥水而生长,所以鲢鱼、鳙鱼和草鱼、青鱼、鲤鱼、鳊鱼之间必须有恰当的比例。如鲢鱼、鳙鱼放养过多,会因天然饵料不足而生长不良;如鲢鱼、鳙鱼过少,则不能充分利用浮游生物而影响鱼产量的提高。根据某些地区的生产经验,这样的池塘鲢鱼、鳙鱼可占草鱼、青鱼、鲤鱼、鳊鱼总量的1/2左右,超过了这个比例则仅凭草鱼、青鱼、鲤鱼、鳊鱼等鱼类粪便来肥水作用就不能使鲢鱼、鳙鱼正常地生长发育了。

鲢鱼、鳙鱼的比例,一般为3～5∶1,鲢鱼多于鳙鱼。珠江三角洲以鲮鱼为主的池塘,鲢鱼、鳙鱼的比例为1∶1左右,鳙鱼放养量增大是由于当地水温高,鳙鱼生长快,轮捕次数多达4～6次,产量也高,而鲢鱼的生长不如鳙鱼快。由此可见,混养比例是根据多种因素决定的,在一般情况下,混养比例可参考常规数据决定,然后在工作实践中加以调整。

4. 合理密养

合理密养是池塘养鱼取得高产的重要措施之一。合理的放养密度,应当是在保证达到食用鱼规格和质量的前提下,获得最高鱼产量的密度。降低放养密度时,鱼类生长速度虽快,但不能充分利用池塘水体和饲料资源,难以发挥池塘生产潜力,单产水平难以提高。增加放养密度,则可弥补这方面的缺陷。

(1) 确定放养密度的依据。合理的放养密度应根据池塘条件、养殖种类和规格、肥料和饲料的供应情况以及饲养管理水平等因素来确定。

1) 池塘条件。有良好水源、水质的鱼塘,放养密度可适当增加。平时经常注换新水,有利于改善池塘水质。当池鱼缺氧浮头时,可及

时注水充氧来解救。

2）鱼的种类和规格。混养多种鱼类的池塘，放养量可略大于混养种类较少或单养一种鱼类的池塘，因为混养的各种鱼类食性和栖息习性不同，生活在水体的各个水层，所以可提高放养密度。商品规格较大的鱼（如草鱼、鳙鱼等），放养尾数应少而放养重量较大，体型比较小的鱼（如鲫鱼、团头鲂等），放养尾数应大而放养重量较小。同种类不同规格的鱼种放养密度也是如此，规格大的密度小，规格小的密度大。

3）饲料和肥料的供应量。在饲养过程中，如能供应较多的饲料和肥料，放养密度就可增大，否则放养密度应相应减少。

4）饲养管理措施。饲养管理工作精细与否和管理水平的高低，与放养密度都有着密切的关系。管理精细、养鱼经验丰富、技术水平高的单位，放养量可大些；养鱼设备条件较好，如有增氧机和水泵等，能经常开机增氧、换水，也可增加放养量。

在决定放养密度时，历年的放养量、鱼产量、产品规格以及其他同类鱼塘的高产养殖经验等，都是重要参考依据。一般来说，如果鱼类生长良好，单位产量较高，饲料系数低于一般水平，饲养过程中浮头次数较少，说明放养量是适宜的。当然，如果鱼产品规格过大，单位产量不高，表明放养过稀，也要提高放养密度。

合理的放养密度受池塘环境条件、水质、饲料的质和量、混养搭配是否合理、机械化程度和饲养管理水平等多种因素的制约。因此，养鱼生产者应通过改善池塘环境条件，保证投喂饲料的数量和质量，实行多品种混养、合理套养等措施来提高放养密度，以求达到高产、优质、高效的最佳养鱼效果。

（2）各种鱼的放养密度。密养必须在合理混养的基础上，并根据主养鱼的需要来考虑各种鱼的适当放养量。所谓适当就是根据鱼的生长规格和鱼塘水质、水源等客观条件，通过鱼种配套，增投肥料、饲料，增加溶解氧量，加强饲养管理等措施，最大限度地提高鱼塘各种鱼类的放养量，增加复养次数，这是池塘养鱼增产的关键。

各种鱼类的放养密度，可根据单位面积净产量和该种鱼的养成规格以及养殖成活率，根据下面的公式计算。

某品种的放养尾数＝该品种的净产量/[（养成重量－鱼种重量）×成活率]

使用该公式计算放养量需有相当丰富的养鱼经验，因为在多种鱼类混养的情况下，各种鱼的产量、养成规格、生长速度、成活率等指标，常因地区、放养模式和养殖技术水平高低等不同而有很大变化，应根据当地实际情况灵活运用。

5. 混养模式设计和混养实例

（1）混养模式设计。设计混养模式时，应遵循以下原则：一是每种模式确定1～2种鱼类为主养鱼，适当混养配养鱼；二是肥水鱼和吃食鱼之间要有合适比例，在每亩净产500～1000千克的情况下，肥水鱼占40%左右，吃食鱼占60%左右；三是养殖类型和放养密度应根据当地饵肥特点、水环境、池塘条件、机械配套、鱼种条件和管理措施而定；四是同样的放养量，混养种类多（多品种、多规格）比混养种类少的类型互补作用好，产量高；五是为提高产量和效益，要放足大规格鱼种，增加轮捕轮放频率，使池塘载鱼量始终保持在合理状态；六是成鱼池套养鱼种年末出塘规格应与年初放养时相似，数量应等于或略大于年初放养数量。

（2）混养实例。我国地域广阔，各地消费习惯、自然条件、养殖对象、饵肥来源等都有较大差异，因而形成了各个区域混合养殖的特色。

1）以草鱼、团头鲂为主的混养模式。这种饲养类型主要对草食性鱼类投喂草料，利用它们的粪便肥水，以饲养鲢鱼、鳙鱼，成本低，经济收入较高。这是我国最普遍的饲养类型，现在进一步发展为主养草鱼、青鱼和草鱼、鳙鱼、鲮鱼等各种演变类型。

2）以鲢鱼、鳙鱼为主的混养模式。这是在草源和商品饲料受限制而肥源相对丰富的地区采用的养殖形式，也是我国较为普遍的一种传统养殖模式。在华中、四川地区很多池塘依然采用传统的主养鲢鱼、鳙鱼的养殖模式，这种养殖模式投入少，相对效益较高，但产量较低。随着人们生活水平的提高，对优质鱼类的需求增加，以及生产条件的改善，这种类型正在发生变化，吃食鱼的放养比例在增加，逐渐演变为肥水鱼和吃食鱼并重的局面。

3）以草鱼、鲮鱼、鳙鱼为主的混养模式。这是我国广东、广西两地典型的养殖模式，珠江三角洲的蚕桑基地或甘蔗基地鱼池采用了这一传统的生态养殖形式，取得很高的产量和效益。

4）以鲤鱼为主的混养模式。鲤鱼是我国北方群众喜食的鱼类之一，以鲤鱼为主的养殖类型多见于淮河以北各省和东北地区。由于高纬度地区气候寒冷，鱼类生长期短，传统的以鲤鱼为主的养殖模式产量也相对较低。

5）以异育银鲫为主的混养模式。20 世纪 70 年代，中国科学院水生生物研究所通过杂交组合选育出生产性能优越的异育银鲫，通过科研人员的潜心研究，相继发现和开发了数个异育银鲫地方种，使异育银鲫的养殖在全国十几个省（自治区、直辖市）推广开来。如今异育银鲫养殖在长江三角洲地区已成为主要养殖对象。异育银鲫在池塘养殖中可以作为配养鱼，与其他鱼类混养，但更多的是主养形式。主养异育银鲫的池塘放养密度高，配养鲢鱼、鳙鱼以改善水质，增氧机配套要完备，使用高质量的配合饲料，可以得到很高的产量。

6）以罗非鱼为主的混养模式。这是我国南方肥源充足的池塘采用的养殖形式，这类池塘肥源足，适宜饲养罗非鱼。如广东省陆丰县南石镇有鱼池 3.7 公顷，承受全镇 4 万人的生活污水和 300 头猪的肥料，每亩放养 1500～3000 尾规格为 5～7 厘米的罗非鱼鱼种和 50 对亲鱼，同时混养规格为 10 厘米的鲢鱼、鳙鱼和草鱼，其中鲢鱼 300 尾，鳙鱼和草鱼均为 40 尾，每亩可产商品鱼 1000～1500 千克。

（五）轮捕轮放

轮捕轮放就是在一次或多次放养鱼种的基础上，根据鱼类生长情况，到一定时间捕出一部分达到上市规格的食用鱼，再适当补放一些鱼种，以保证合理的养殖密度，有利于鱼类生长，从而提高鱼产量，同时保证常年有鲜活鱼上市，既适应市场需求，还能为翌年生产提供充足的大规格鱼种。

1. 轮捕轮放的主要作用

（1）充分发挥池塘生产潜力。轮捕轮放使池塘在饲养过程中始终保持较合理的密度，充分发挥池塘生产潜力。前期鱼体小，活动空间大，可以多放一些鱼种。随着鱼体长大，分批适量将达到上市规格的商品鱼及时捕出，可以降低池塘鱼的密度，使池塘容纳量始终保持在最大限度以内，鱼类在较合理的密度下继续生长，从而取得较高的鱼产量。

(2) 提高饲料利用率。轮捕轮放能进一步增加混养种类、规格和数量，提高池塘的利用率。利用轮捕控制鱼类生长期的密度，以缓和鱼类之间(包括同种异龄)在食性、生活习性和生存空间上的矛盾，发挥“水、种、饵”的生产潜力。

(3) 为稳产、高产奠定基础。轮捕轮放有利于培育优质的大规格鱼种，为稳产、高产奠定基础。适时捕捞达到商品规格的食用鱼，使套养的鱼种迅速生长，培育成大规格鱼种，满足成鱼养殖的需要。

(4) 提高经济效益。轮捕轮放能做到常年有鲜活鱼上市，改变过去水产品供应淡旺不均、旺季鱼多价低的情况，从而稳定了鱼价。对养殖者来说，轮捕轮放也有利于加速资金周转，为扩大再生产创造条件。

2. 轮捕轮放的对象和时间

凡达到或超过商品鱼标准，符合出塘规格的食用鱼都是轮捕对象。在实际生产中，各种混养鱼类轮捕轮放的主要对象是鲢鱼和鳙鱼，因为精养塘中鲢鱼、鳙鱼在合理的池塘容量范围内终年生长，因而轮捕周期长，轮捕频率高。轮捕后补放的鲢鱼、鳙鱼夏花或1龄鱼种生长快、成活率高。其次是草鱼，原因是草鱼生长喜清水，而夏季高温水质肥，生长速度变慢，此时捕出部分草鱼，可降低池塘载鱼量，有利于促进小规格草鱼和其他鱼类的生长。草鱼一般只进行轮捕，不补放鱼种。鲤鱼、鳊鱼、团头鲂、鲫鱼因生长较慢，均在年底一起捕捞，但如果放养隔年的大规格鱼种，同样可以进行轮养，增加产量。若混养罗非鱼，也须及时将达到食用规格的鱼分批捕出，让小鱼留池饲养。如放养密度不太大，不至于超出最大容纳量而影响鱼类正常生长，就不一定要轮捕，除非要提前供应市场，或有大规格鱼种补放。近几年来，随着颗粒饲料的普及，鲤鱼、鲫鱼和罗非鱼等吃食性鱼类在高密度精

养的条件下也采用轮捕轮放形式，通过分散捕捞和补放鱼种的方法，实现高产、高效。

3. 轮捕轮放的方法

(1) 捕大留小。一次性放足不同或相同规格的鱼种，饲养到一定时期，分批捕出部分达到食用规格的鱼类，不补放鱼种，让较小的鱼留在池中继续饲养。

(2) 捕大补小。分批捕出达到食用规格的鱼后，同时补放鱼种(若补放夏花，一般称套养)，这种方法产量较高。补放的鱼种视规格大小和生产目的，或养成食用鱼或养成大规格鱼种，供翌年放养。套养的夏花，视密度大小，养成大规格鱼种或一般的冬花鱼种。

江浙地区一般 1 年轮捕 4～5 次，轮放 1 次。第一次捕鱼在 6 月上中旬，将 0.5 千克以上的鲢鱼、鳙鱼捕出上市；7 月中下旬第二次捕出 0.5 千克以上的鲢鱼、鳙鱼和 1.25 千克以上的草鱼。随后每亩补放鲢鱼 100～200 尾(规格 0.1～0.2 千克)，并套养鳙鱼夏花 100 尾左右，至年底养成供翌年第一批放养的大规格鱼种，少数池塘轮捕后套养鲢鱼夏花或鳙鱼夏花，每亩放养 4000～5000 尾，至年底养成全长 12～13厘米的冬花鱼种；8 月底至 9 月初，捕起达到食用规格的鲢鱼、鳙鱼、草鱼、少量团头鲂(0.55 千克以上)和 0.1 千克以上的罗非鱼；10 月中下旬天气转冷，水温降低，故应将罗非鱼全部捕出，并将达到食用规格的鲢鱼、鳙鱼、草鱼、团头鲂捕捞上市；最后在年底干池捕捞，将全部鱼类捕净。

江浙地区有些池塘实行 1 年养 2 批食用鱼(主要是鲢鱼、鳙鱼)的方式，即所谓的双季塘放养，产量亦较单季塘高。珠江三角洲地区利用当地气候较暖、鱼类生长期较长的有利条件，1 年中能养成数批食用鱼(主要是鳙鱼)，其方法与上述轮捕轮放有所不同，在混养的池塘中，每种鱼只放养 1 种规格，经 1 个月至数月的饲养，达到食用规格后，即将此种鱼全部捕出，再放养下一批鱼种，各种鱼有不同的养鱼周期，1 年中饲养的批数也不一样，从而共同组成整个池塘的轮捕轮放，其较先进的方法就是所谓的多级轮养法。

4. 轮捕轮放的技术要点

轮捕轮放多在天气炎热的夏秋季进行，又称捕热水鱼。由于这时水温高，鱼的活动能力强，耗氧量大，不能忍耐较长时间的密集，而且此时捕入网内的鱼大部分是要还塘饲养的，如在网内时间过长，很容易受伤或缺氧窒息，诱发鱼病。因此，捕热水鱼是一项技术性较高的工作，要求捕捞人员技术娴熟，操作细致，配合默契，尽量缩短捕捞持续时间。

(1) 捕鱼前的准备。在捕鱼前数天，要根据天气情况适当控制施肥量，以确保捕捞时水质良好。捕鱼前一天应适当减少投喂量，以免鱼饱食，在扦捕时受惊扰跳跃造成死亡。捕前还要将水面的草渣污物捞清，使捕鱼操作顺利进行。

(2) 捕鱼操作。捕鱼时间要求在天气凉爽、水温较低、溶解氧量较高时进行，阴雨天或鱼有浮头征兆时不要动网捕捞。一般在下半夜至黎明或清晨捕捞，也可以在下午捕捞。但傍晚不能拉网，以免引起上、下水层对流，搅动底泥，加速池水溶解氧消耗，造成池鱼缺氧浮头。如果池鱼有浮头征兆或正在浮头，则严禁拉网捕鱼。捕捞时用网将鱼围集后，应迅速轻快地将未达上市规格的鱼拣回池塘中，避免密集过久而伤亡，或影响以后的生长。

(3) 捕鱼后的处理。捕鱼后，由于翻动池底淤泥，使水质浑浊，耗氧增加，必须立即加注新水或开动增氧机，增加池水溶解氧量，防止鱼类浮头，同时使鱼类有一段顶水时间，以冲洗鱼体因扦捕而过多分泌的黏液。在白天水温高时捕鱼，一般需加水或开增氧机 2 小时左右；在夜间捕鱼，加水或开增氧机一般要待日出后才能停泵关机。

（六）施肥与投喂

池塘养鱼实行密放混养，各种鱼类的食性差异较大，对营养要求亦不相同，为了使它们能够较好的生长，必须采取施肥、投喂的两种方法，以满足各种鱼类的营养要求，适时适量的施肥、投喂是池塘养鱼的重要技术措施之一。

1. 施肥

施肥实际上是间接投喂，池塘施肥是为了补充水中的营养盐类和有机物，培养浮游生物、附生藻类和底栖生物等鱼类天然饵料。有机肥中的有机碎屑和附着的微生物也可作为鱼类的饵料，这些饵料资源可以被鲢鱼、鳙鱼、鲤鱼、鲫鱼、罗非鱼等鱼类食用，由于天然饵料的营养成分完全，因此养鱼效果较好，施肥始终是池塘养鱼高产的重要措施。

肥料分为有机肥和无机肥两类，池塘施肥的方法分为施基肥和施追肥两种。

(1) 施基肥。瘦水池塘或新建池塘必须施基肥。基肥最好采用有机肥，施用时间宜早，数量一般每亩施 500～1000 千克，占全年施肥量的 50%～60%。另外，要根据池塘淤泥深浅和养鱼时间的长短而定，养鱼多年的池塘，淤泥较多，水质较肥，这样的池塘可以少施甚至不施基肥。有条件的地方，都应当争取施足基肥。

(2) 施追肥。在养鱼过程中，为了不断补充水中的营养物质，使天然饵料生物繁殖不衰，需施追肥。施追肥应掌握及时、均匀和少量多次的原则。当水色开始变淡时就要及时施肥。施肥量与施肥次数应随水温、天气、养殖鱼类的不同而灵活掌握。具体的施肥量要根据水质、天气和鱼的活动情况而定，池水以保持“肥、活、嫩、爽”为好，平时以池水的透明度来判别是否需要追肥和肥料用量，透明度一般以 25～40厘米为宜，低于 25 厘米则表示水质过肥，高于 40 厘米表示水质偏瘦，这时就要施用追肥了。

池塘追施有机肥效果良好，一般情况下，每亩每次施用 50～100 千克为宜，猪、羊粪比人粪尿肥效差，施用量可达到人粪尿的 2 倍。绿肥由于耗氧量大，一般作混合堆肥使用，很少直接施入鱼池。

池塘施无机肥的效果远不如有机肥，因此不能用无机肥代替有机肥，但在以有机肥为主的情况下补施磷肥却有很好的效果，用量为每次每亩施 3 千克(有效磷计为 1 毫克/升)。

2. 投喂

在混养密放的高产鱼塘中，鱼类能得到的天然饵料是很少的，要使养殖鱼类得到充足的饲料，较快地生长，必须合理投喂饲料，并辅以适量施肥，才能确保养殖产量。要做到合理投喂饲料，就要求生产者正确掌握投喂技术，保证投下的饲料能既让养殖鱼类吃好、吃饱，又不浪费，发挥最大的经济效益。

(1) 全年投喂计划的确定。为了做到计划生产，确保饲料充足和均匀投喂，必须在放养鱼种时做好全年投喂计划。全年投喂量要根据养殖的计划产量、各种鱼的计划增重量和饲料系数来确定的。例如，计划全年净产草鱼 200 千克，每增重 1 千克草鱼，需耗精饲料 2 千克，青绿饲料 15 千克，则全年需投喂精饲料 400 千克，青绿饲料 3 000 千克。其他鱼类饲料量也可依此计算。

但是由于池塘养鱼是混养模式，混养的品种很多，各种鱼同吃一个“灶”，而且吃食性鱼类与滤食性鱼类之间又有互利关系，因此在生产实践中，一般是依据现有饲料种类（青绿饲料、精饲料和肥料），以及在饲养实践中已经取得的实际效果来规划全年的投喂量。

(2) 日投喂量的确定。平均每日投喂鱼类的饲料重量为日投喂量，是以池塘中在养的吃食性鱼类体重和水温为主要依据而确定的。在生产实践中，由于放养的鱼类日益生长，日投喂量必须随之而调整。一般以 10 天左右为 1 个周期计算，计算公式如下：

日投喂量＝在养吃食性鱼类重量×投喂率

1）投喂率的确定，投喂率是指在养的吃食性鱼类摄食人工饲料的重量占该类鱼体重的百分比。投喂率一般是依据水温和吃食性鱼类规格大小而定，最适宜生长的水温投喂率高些，否则低些；规格小的鱼投喂率高些，否则低些。此外，投喂率与饲料的质量也有关系，一般全价饲料投喂率可低些，混合饲料要高些。

2）饲养鱼类总重量的预测。在养的吃食性鱼类总重量等于放种重量加增重量减去起水量，在这里，放种重量和起水量都有记录可查，但增重量主要是凭借历年积累的经验来估计。此外，亦可以根据饲料系数和实际投喂量的记录计算出来。

(3) 灵活掌握实际投喂量。上述关于投喂率的确定和日投喂量的计算,都是排除了池塘生态环境来考虑的。其实在实际生产中的投喂量必须根据鱼的摄食情况、天气、水温、水质等具体条件灵活掌握。

1) 鱼的摄食情况。如果在投喂后,鱼很快吃完饲料,应适当增加投喂量。如日投喂 2 次,一般以 3~4 小时吃完为度。一般来说,傍晚检查食场或食台时,应以没有剩余饲料为好。

2) 天气情况。天气晴朗时可多投喂饲料,阴雨天少投,天气不正常、气压低、闷热、雷阵雨前后或大雨时,应暂停投喂,雾天气压低,须待雾散后再投喂。天气不正常时,水中溶解氧量少,鱼若摄食过多,容易引起浮头泛池;或者因鱼食欲降低,饲料吃不完而有较多剩余,导致水质败坏。

3) 水质情况。水色好可正常投喂;水色过淡,表明水质较瘦,应增加投喂量;水色过浓,则说明水质太肥,应减少投喂,并加注新水。水质恶化最明显的指标是水中溶解氧量下降,这对鱼类消耗饲料的强度产生很大影响。一般要求水中溶解氧量在 5 毫克/升以上,即使耐低氧的罗非鱼,也要求水中溶解氧量在 3 毫克/升以上,才能维持正常的摄食与生长。

4) 水温情况。在一定的水温范围内,鱼类的能量代谢率随水温升高而增大,到一定水平后,代谢率趋于下降。如"四大家鱼"最适宜的水温为 25~32℃,在这一范围内水温可多投喂。水温过高或较低时,须减少投喂量。

总之,为了提高饲料的利用率,降低饲料系数,养好各种鱼类,发挥饲料的最大效率,投喂饲料一定要遵循"四定"的原则,保证让养殖鱼类吃好、吃饱。

(4) 投喂饲料的季节安排。鱼的摄食量及其代谢强度是随水温变化而变化的,应根据各种鱼类的生长情况来确定不同季节的投喂量。在一年投喂中,应掌握"早开食,晚停食,抓中间,带两头"的投喂规律,具体安排如下。

1) 冬春季节。冬季和早春气温、水温均低,鱼类摄食量少,一般可不投喂。但在无风的晴天,温度升高时,应及时投喂少量精饲料,对

草鱼可投喂些青草、菜叶。冬季投喂不但可保持鱼体不致消瘦，而且可以增重，对提高成活率和促进鱼类生长都有好处。对刚开食的鱼宜投喂糟麸类饲料，以便于鱼类摄食，而且容易消化吸收，但应避免大量投喂，防止鱼类摄食过量而胀死。

3 月以后，当水温回升至 15℃以上时，应逐渐增加投喂量，并可投喂鲜嫩的青草、菜叶。谷雨至立夏（4 月下旬至 5 月上旬）时节，水温继续升高，鱼的食欲增大，投喂量要相应增加。但这一时期是鱼病相对发生较严重的季节，应适当控制投喂量，并保证饲料新鲜、适口和投喂均匀。

2）炎夏季节。进入夏季以后，水温逐渐升高至 30℃左右，鱼体生长最快。天气正常，无浮头危险时，可大量投喂（梅雨季节要控制投喂量），尤其是青绿饲料，此时数量足、质量好，且水质较清新，应投足青绿饲料，主攻草鱼，加速生长，务必使年初放养的大规格草鱼鱼种在 9 月底前大部分达到商品规格上市，降低池塘中草鱼的密度。因为白露以后，由于前段大量投喂的结果，水质逐渐转浓，青草类也日渐衰老、质量差，如果这时才重视草鱼吃食就太迟了。夏季水温高须密切注意天气和水质变化，特别是处暑前后，天气变化较大，容易发生浮头死鱼，应控制投喂量，不让鱼吃夜食，并经常加注新水。

3）秋凉季节。秋分以后，天气转凉，水温逐渐降低，但仍有近 2 个月的时间水温在 25℃左右，鱼生长也快，加上鱼病较少，天气正常时可大量投喂，让鱼日夜摄食，促进所有鱼类生长，这对提高产量作用很大。但是，要严禁吃“叠食”（即塘中饲料未吃完，又投上新饲料），以免饲料变质。

4）立冬以后，水温渐低，但鱼仍会摄食，应适量投喂，到收获前停食，保持鱼不掉膘。

投喂饲料还要做到精饲料和青绿饲料结合。投喂精饲料要做到富含蛋白质精饲料与富含淀粉精饲料相配合，粉状精饲料与粒状精饲料相配合，小颗粒饲料与大颗粒饲料相配合，以便大小规格的各种鱼类都能吃饱、吃好。

（七）池塘管理

“管”是八字精养法的最后一个字，一切养鱼的物质条件（水、种、饵）和技术措施（密、混、轮），最后都通过日常管理来发挥其效能，从而达到增产低耗的目的。

1. 池塘管理的基本要求

池塘养鱼是一项技术复杂的生产活动，它涉及气象、水质、饲料、鱼类个体与群体之间的变动情况等各方面因素，这些因素互相影响，并时刻变动。因此，管理人员要全面了解养鱼全过程和各种因素之间的联系，细心观察，积累经验，摸索规律，根据具体情况的变化，采取与之相适应的技术措施，控制生态环境，夺取养鱼稳产、高产。

2. 池塘管理的基本内容

（1）要经常巡视池塘，观察池鱼动态，每天早、中、晚坚持巡塘1次。黎明时观察池鱼有无浮头现象，浮头程度如何，以便决定当天的投喂施肥量；14:00～15:00是一天中水温最高的时候，应结合投喂和测水温等工作，检查池鱼活动和摄食情况，以判断鱼类是否有异常现象和鱼病的发生；近黄昏时检查全天摄食情况，看有无残饵和浮头预兆。高温酷暑季节，天气突变时，容易浮头，还须在半夜前后巡塘，巡塘时要注意观察水色变化、鱼的活动等情形，发现异常及时采取措施。

（2）要根据天气、水温、水质、季节、鱼类生长和摄食情况，确定投喂、施肥的种类和数量。在高温季节要准确掌握投喂量，尽量使用颗粒饲料，不便用粉状饲料，停止施用有机肥，改施化肥，并以磷肥为主。

（3）掌握水质，注意调节池水排注量，保持适当的水量。根据情况，每10～15天注水1次，以补充蒸发损耗，并经常根据水质变化情况换注新水，定期泼洒生石灰水，改良水质。做好池埂维修和防旱、防涝、防逃工作。

（4）做好鱼池清洁卫生工作，随时除去池边杂草和池面污物，保持池塘环境卫生。若发现死鱼必须马上捞出，病鱼必须及时检查和治疗。

(5) 防止养殖鱼类逃跑和其他意外事故发生,做好池塘日记和统计分析工作。

3. 增氧机的合理使用

增氧机是一种有效改善水质、防止浮头、提高产量的专用养殖机械,具有增氧、搅水和曝气三方面的作用。目前,我国自行生产喷水式、水车式、管叶式、涌喷式、射流式和叶轮式和底部增氧等多种增氧机。从改善水质、防止鱼类浮头的效果看,以叶轮式为好,目前采用较多的是叶轮式增氧机,增氧效果较为理想,一般每亩装机容量为0.3～0.4千瓦。

合理使用增氧机的方法是：晴天中午开机,阴天清晨开机,连绵阴雨天半夜开机;晴天傍晚不开机,阴天白天不开机;浮头早开机,轮捕后及时开机,鱼类生长季节(6～9月)天天开机。

增氧机的运转时间,半夜开机时间长,中午开机时间短。施肥、天气闷热、面积大或负荷大则开机时间长;不施肥、天气凉爽、面积小则开机时间短。

4. 防止鱼类浮头

水中溶解氧量低时鱼类无法维持正常的呼吸活动,被迫上升到水面利用表层水进行呼吸,出现强制性呼吸,这种现象称为鱼类浮头。鱼类出现浮头时,表明水中溶解氧量已下降到威胁鱼类生存的程度,如果继续下降,浮头现象将更为严重,如不设法制止,就会引起全池鱼类的死亡,即泛池。由于鱼类浮头时不摄食,体力消耗很大,经常浮头严重影响鱼类生长,因此要严密防止鱼类浮头的发生。

(1) 形成鱼类浮头的原因众多,池塘养鱼时,造成池水溶解氧量急剧下降而导致鱼类浮头的原因主要有以下几方面：

一是池底沉积大量有机物,当上、下水层急速对流时,造成溶解氧量迅速降低。成鱼池鱼类密度大,投喂施肥多,在炎热的夏天,池水上层水温高,下层水温低,出现池水分层现象,表层水溶解氧量高,下层水由于光照弱,浮游植物光合作用减弱,溶解氧量较低,有机物处于无氧分解过程,产生了氧债,当由于种种原因引起上、下水层急剧对流

时，上层水中的溶解氧由于偿还氧债而急剧下降，极易造成鱼类浮头。

二是水肥鱼多，当天气连绵阴雨，溶解氧量供不应求，会导致鱼类浮头。

三是水质老化，长期不注入新水，导致浮游植物生命力衰退，当遇到阴天光照不足时会引起大批死亡，继而引起浮游动物死亡，池水的溶解氧量急剧下降，并发黑、发臭而败坏，故引起鱼类泛池。

四是在高温季节，大量施用有机肥，会使有机物耗氧量上升、溶解氧量下降而出现鱼类浮头，特别是施用发酵肥料时情况更为严重。

（2）鱼类浮头的预测。鱼类浮头有一定的预兆，可根据季节、天气、水色以及鱼类摄食情况进行预测。

1）季节。4～5月水温逐渐升高，投喂量增大，水质逐渐转浓，如遇天气变化鱼容易发生暗浮头。梅雨季节光照弱，水生植物光合作用差，也容易引起浮头。夏季有时天气变化剧烈，更容易引起浮头。

2）天气。根据天气预报和当天天气情况预测，如夏季傍晚下雷阵雨，天气转阴；或遇连绵阴雨，气压低，风力弱，大雾天等；或久晴未雨，鱼摄食旺盛，水色浓。一旦天气变化，翌日清晨均可能出现浮头。

3）水色。水色浓，透明度小或产生“水华”现象，如遇天气变化，易造成浮游生物大量死亡而引起泛池。

4）鱼类摄食情况。检查食场时，发现饲料在规定的时间内没吃完，且又没有发现病鱼，说明池塘溶解氧量低，容易引起鱼类浮头。

此外，可通过观察草鱼摄食情况来判断，在正常情况下，一般食场上不见草鱼，只见草堆在翻动或草被拖至水下。如果草鱼在草堆边吃食，甚至嘴里叼着草满池游动，表明池塘溶解氧量小，容易发生浮头。

（3）鱼类浮头的预防。防止浮头的方法主要有以下几点：一是池水过浓应及时加注新水，提高透明度，改善水质，增加溶解氧量；二是天气连绵阴雨，应经常、及时开增氧机增加溶解氧量；三是夏季若傍晚有雷阵雨，应在中午开增氧机，降低上、下水层的溶解氧差；四是估计鱼类可能浮头时，应停止施肥，并根据具体情况控制投喂量，避免鱼类吃夜食，捞出余草，以免妨碍鱼类浮头时游动和影响池塘注水。

（4）鱼类浮头轻重的判断。池塘鱼类浮头时，可根据以下几方面情况加以判断。

1）鱼类浮头开始的时间。浮头在黎明时开始为轻浮头，如在半夜开始为严重浮头。浮头一般在日出后就会缓解和停止，因此开始得越早越严重。

2）鱼类浮头的范围。鱼在池塘中央部分浮头为轻浮头，如扩及池边或整个鱼池为严重浮头。

3）鱼受惊时的反应。浮头的鱼稍受惊动，如击掌或夜间用手电筒照射即下沉，稍停又浮头，是轻浮头，如鱼受惊不下沉，为严重浮头。

4）浮头鱼的种类，缺氧浮头，各种鱼的顺序不一样，可借此判断浮头的轻重。鳊鱼、团头鲂浮头，野杂鱼和虾在岸边浮头，为轻浮头，鲢鱼、鳙鱼浮头为一般性浮头；草鱼、青鱼浮头为较重浮头；鲤鱼浮头为重浮头。如草鱼、青鱼在岸边，鱼体搁在浅滩上，无力游动，体色变淡（草鱼呈微黄色，青鱼呈淡白色），并出现死亡，表示将开始泛池。

（5）鱼类浮头的解救。发生鱼类浮头时应及时采取增氧措施，常用的方法有以下几种：

1）加注新水。既可增加溶解氧量，又可改良水质，还能加深池水，增大鱼类的活动范围。最好是加注附近河流或水库的清新水，也可以用邻近水质较好的塘水。加注的新水应向鱼塘水面平行冲出，形成一股较长的水流，使鱼群聚集在这股溶解氧量较高的水流处，避免泛池死鱼。无水源的池塘可采用抽本塘水的办法，让水泵的出水口比水面高出1米左右，喷水入塘，亦可起到增氧的作用。

2）开增氧机，通过增氧机搅动水体，增大水体与空气的接触面，提高水中溶解氧量。

3）化学增氧，借助一些化学试剂，在水中发生化学反应而产生氧气。主要使用的有过硫酸铵、过氧化钙等。

4）其他应急措施，若无增氧设备或来不及增氧，也可采取如下简单措施。每亩水面用黄泥10千克加水调成糊状，再加食盐10千克；或用上述黄泥水加人粪尿数十千克；或用食盐、明矾（3～5千克）、石膏粉（3～4千克）等拌匀后全池泼洒。其作用是使水中悬浮的有机颗粒和胶体凝结沉淀，减少溶解氧消耗。

5. 定期检查鱼体、做好池塘三项记录

一般情况下，每隔一定时间（15～30 天）或结合轮捕检查鱼体成长情况，以此判断前一阶段养鱼效果的好坏，同时结合其他情况，在必要时对下一阶段的技术措施进行调整，发现鱼病也能及时治疗。

池塘日志主要是对鱼种、饲料、肥料、药物防治以及产出等的简明记录，以便分析情况、总结经验、调整养殖措施。同时，为实行生产质量安全监控、实现水产品生产可追溯系统提供原始记录。

（八）浙江省淡水养殖主要模式

浙江各地有代表性的淡水养殖模式主要有以下几种模式：

1. 青鱼无公害养殖模式

为了保证生产优质无公害青鱼，提高青鱼质量安全水平，增强市场竞争力，按照 DB33/T496.1－2004《无公害青鱼》标准要求，嘉兴市秀洲区摸索出青鱼无公害养殖模式。

(1) 鱼种放养前池塘彻底清整消毒。

池塘清整：在冬季对养殖池塘清除污泥，干池暴晒 10 天以上，同时修整塘埂和塘坡。

池塘消毒：鱼种放养前 20 天左右，每亩用生石灰 150～200 千克化浆后全池泼洒，次日用铁钯翻动，使淤泥与石灰混合均匀，彻底消灭有害病菌，并改善底质。10 天后注水至放养标准，水位 1 米左右，适量施肥培育水质。

(2) 适时放养优质鱼种。

放养时间：鱼种放养应在冬末春初，选择晴天进行。低温季节放养，鱼种捕捞搬运时鱼体不易损伤，可提高放养成活率。鱼种质量要求：放养鱼种应选择良种场生产的优质、健康的鱼种，以提高养殖的成活率和上市产量及品质（表 7－1）。采取不同规格、不同品种合理混养的养殖模式，亩放养量 250 千克左右，其中青鱼放养量占 75%左右（表 7－2）。

表 7-1 鱼种质量要求

项 目	要 求
规 格	同种同龄鱼种规格整齐
体 色	体色鲜艳、有光泽
体 质	肌肉丰满，无创伤，体表和鳃部无可见寄生虫和病灶
活 动 能 力	游动活泼，逆水性强，受惊后潜入水底快，离水后鳃盖不张开，尾柄不弯曲。密集时头顶水，鱼尾不断煽动

表 7-2 主养青鱼养殖模式推荐表

品 种		规 格	尾数(尾)	重量（千克）	放养比例（按重量计）(%)
青鱼	1 龄	20～30 尾/千克	100～150	5	2
	2 龄	0.4～0.8 千克/尾	70～80	45	17.3
	3 龄	2.5～3 千克/尾	50～60	150	57.7
草鱼		0.4～1 千克/尾	15～35	17	6.5
鲢鱼		20～30 尾/千克	190～210	8	3
鳙鱼		20～30 尾/千克	40～60	2	0.8
鲫鱼		30 尾/千克	900～1000	32	12.3
鳊鱼		60～70 尾/千克	60～70	1	0.4
合计			1425～1665	260	100

放养的鱼种，必须进行消毒处理，消毒用药和药品使用必须严格遵守 NY5071-2002《无公害食品渔用药物使用准则》的规定。消毒用药应有针对性地选择刺激性小、药效高、作用快的食盐、硫酸铜等杀菌或灭虫药物。食盐 1%～3%，浸浴 5～20 分钟；硫酸铜 8 毫克/千克，浸浴 15～30 分钟。消毒过程严格按规定操作，并根据水温、药物浓度适当调节浸种时间，以达到有效消毒目的。

(3) 做好池塘的饲养管理。

1) 投饲管理。

① 饲料种类：根据混养鱼类的不同食性，合理投喂相应饲料。主要种类有：动物性饲料——螺蛳、蚬等贝类；青饲料——黑麦草、苏丹草等草类；精饲料——糠饼、菜饼等；配合饲料。

② 饲料质量要求：精饲料和配合饲料应符合 NY 5072－2002《无公害食品渔用配合饲料安全限量》的规定。鲜活饲料和青饲料应清洁、卫生、无污染。

③ 投饲量：全年投饲量根据目标产量、饲料系数制定，一般每亩投精饲料或配合饲料总量（螺蚬按饲料系数折算精饲料或配合饲料）为 2000～3000 千克，其中青鱼主养塘螺、蚬的投喂量不得少于总投饲量的 70%。每日投饲量应根据水温、鱼体大小、摄食强度、天气情况灵活掌握（表 7－3）。

表 7－3　全年投饲量月分配表

月份	3	4	5	6	7	8	9	10	11
百分比（%）	1	6	8	10	16	21	23	12	3

④ 投饲方法：从 3 月中旬开始投饲，2～3 天投 1 次，当水温达到 18℃以上时逐渐增加投饲量，转为每天投喂。螺蚬日投 1 次，投喂时间上午 8：00～9：00；青饲料日投 2 次，投喂时间上午 8：00～9：00，下午3：00～4：00；精饲料或配合饲料日投 2～3 次，投喂时间上午 8:00～9:00，下午 4:00～5:00，若为 3 次，则中午 11:00～12:00 增投 1 次。投饲时按照饲料种类分别选择合适位置，各自分开定点。螺蚬投于池坡平缓少淤泥的浅滩处，精饲料或配合饲料投于水下 1.5 米的饲料台上，青饲料投于饲料框内。

2）水质管理。

① 水色和透明度：池塘水质保持“肥、活、嫩、爽”，水色保持黄绿色或茶褐色，透明度保持在 25～35 厘米。

② 调节措施：每个月加水 1～3 次，每次水位升高 10 厘米，当水质老化变黑时，应及时换水或加注新水，换水量为原池的 1/3～1/2。

每月使用生石灰或微生物制剂改善水质。

3）日常管理。

① 巡塘：早、中、晚3次巡塘，观察鱼类吃食和活动情况、水质变化情况和鱼病情况，来确定应采取的措施，并做好养殖日志记录，提高养殖鱼类的科学管理水平。

② 增氧：每亩按0.3千瓦动力配备增氧机，在鱼类主要生长季节，按照“晴天中午开，阴天清晨开，连绵阴雨半夜开”的原则开机增氧。发现浮头预兆时，及时开动增氧机或加注新水进行解救。在不能进行机械增氧的情况下，可投放增氧粉（过氧化钙）解救。

③ 防逃：加注新水时应用1毫米孔径的密网过滤，防止野杂鱼苗及卵进入池塘，同时防止塘内鱼种逆水逃逸。

(4) 加强病害防治。

鱼病的发生是由外因和内因共同作用的结果，按照“防重于治”的原则，必须从改善环境和提高鱼体抵抗力入手，采取多种措施预防病害发生。

1）改善生态环境。

① 每月使用芽孢杆菌、光合细菌等复合微生物制剂，改善水体环境，预防病害的发生。

② 改善鱼池环境卫生，勤除杂草，勤除敌害及中间寄主，及时捞出残饵和死鱼等。

2）加强药物防治。渔药品种、剂量与使用方法必须严格按照NY 5071－2002《无公害食品渔用药物使用准则》规定执行，严禁使用禁用渔药。

① 饲料消毒：投放的饵料要清洁、新鲜。螺蚬洗净后选取鲜活的投喂；青饲料用3～5毫克/升漂白粉溶液浸泡20～30分钟再投喂。

② 食场消毒：每月1～2次对食场用漂白粉进行消毒。每次挂3～6袋，每袋中装漂白粉40～60克，连挂3天，每天换药一次。

③ 工具消毒：网具、鱼桶、捞网等养鱼工具，尤其是发病塘用过的工具，使用前应在阳光下暴晒1天或用10毫克/升硫酸铜浸泡30分钟后再使用，做好隔离工作。

④ 做好鱼病预防工作：鱼虫病发生季节(每年4月底5月初和10月中下旬)，用敌百虫+辛硫磷粉(含量10%+4%)全池泼洒，剂量为0.12～0.3毫克/千克，或用阿维菌素(含量1%)全池泼洒，剂量为0.2～0.3毫克/千克，预防杀灭锚头蚤、中华蚤等寄生虫。两天后再用含氯制剂全池泼洒一次，防止继发细菌感染，含氯制剂可选用漂白粉、二氯异氰脲酸、三氯异氰脲酸、二氧化氯、二溴海因等，使用剂量参照产品说明书。在细菌性病害流行季节(每年5月中旬起至9月底)，每月2次，用生石灰与含氯制剂交替全池泼洒，预防肠炎、烂鳃等细菌性疾病发生，生石灰用量为20～30毫克/升，含氯制剂的种类和使用方法同前所述。

这种养殖模式一般可实现每亩淡水鱼总产量1000千克左右，其中青鱼产量500千克左右，实现亩产值近万元，亩效益在2500～3500元。

2. 南美白对虾池塘套养黄颡鱼技术模式

南美白对虾是浙江省水产养殖一大主导品种。为充分利用对虾池塘资源，提高养殖效益，促进产业健康发展，2010～2011年，上虞市结合本地实际，在南美白对虾养殖池塘中，进行黄颡鱼套养试验。试验结果表明，南美白对虾池塘套养黄颡鱼技术模式，既能改善水质，减少对虾病害发生，实现对虾稳产高产，而且黄颡鱼生长快，效益好。

(1) 池塘条件。养殖区周边无污染源，水源充足，排灌方便。试验塘共3口，总面积15.2亩，水深1.5～1.8米，池形为长方形，具有独立的进排水系统，进水口在塘坝上，排水口在塘底中间，塘底平坦呈锅底形。每亩配备约0.5千瓦增氧设备，同时配备的还有储水池，面积为对虾养殖区总面积的1/10左右。虾苗放养前10天，干塘后用10千克/亩的漂白粉全池泼洒消毒。消毒3天后，进水60～80厘米，并在虾苗放养前3天用2～3千克/亩生物肥及1千克/亩培藻素培水。池水盐度在1‰左右。

(2) 苗种放养。

1) 虾苗放养。根据本地气候条件，虾苗放养时间安排在每年的5月，要求水温稳定在20℃以上。放养密度为5万尾/亩。放养都是在晴天进行，一次放足。

2) 黄颡鱼套养。2010年，套养黄颡鱼夏花，套养量为1500尾/亩。

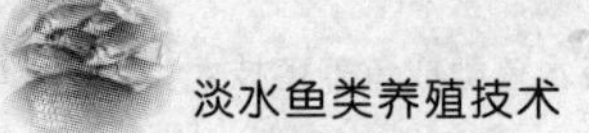

2011年，套养黄颡鱼鱼种，规格为10尾/500克，套养量为300尾/亩。套养时间，都安排在虾苗放养30天后进行。

(3) 养殖管理。

1) 饲料投喂。对虾养殖期，全程投喂南美白对虾全价配合饲料，对虾起捕后改投黄颡鱼专用颗粒饲料。对虾日投饲率为存塘虾量的3%～5%。实际投喂时，还要根据对虾数量、平均体重、天气状况、摄食情况(通常用观察网进行观察，一般以1小时内吃完为宜)，确定当日投喂量。日投喂2次，上午投喂量占全天投喂量的40%，下午投喂量占全天投喂量的60%。养殖前期，对虾活动范围小，采取全池均匀投喂。随着对虾的生长和池塘水位加深，慢慢地集中在池塘的四周投喂。9月，对虾捕捞完毕，池中仅留下黄颡鱼，日投黄颡鱼饲料1次，日投饲量1～1.5千克/亩。投饲至水温低于12℃止。

2) 水质调控。养殖前期，根据池塘水质和虾的生长状况，使用生物肥及培澡素进行肥水培藻，达到池水"肥、活、嫩、爽"；养殖过程中，每隔1星期加1次水，每次加水20厘米深；养殖中后期，水中污物不断累积，水质越来越肥，因此，每隔15天，轮流用生石灰、沸石粉、底安等，调控水质、底质。一般用药2天后，泼洒光合细菌或EM原露或芽孢杆菌等有益微生物制剂。具体用量用法参照相关的使用说明。

3) 日常管理。

① 6月中旬开始使用增氧机，每天开机4～6小时，7月开始，根据水中溶解氧状况，延长或缩短开机时间。每天开机的时间，一般安排在凌晨至日出。异常天气，中午开机或全天开机。养殖中后期，每天进行池底排污，保证池底清洁。排污安排在增氧机开机的时候，每次排污时间30～60分钟，直至排出清水为止。

② 每日测量水温、溶解氧、pH、透明度、氨氮浓度、盐度等有关数据，做好养殖日记。每10～15天检测1次对虾生长情况。根据检测的数据变化情况，及时采取相应对策。

③ 巡塘。每天早晚2次，注意清除池塘周围的敌害生物，及时发现并捞除病虾及死虾，检查病因、死因。同时观察对虾的活动及分布、摄食及饲料利用情况。

④ 病害防治。整个养殖过程坚持以防为主：一是每半月轮流使用生石灰、沸石粉、底安等，确保稳定良好的水环境；二是遇天气突变，及时使用抗应急药（维生素 C、葡萄糖）；三是为防黄颡鱼出现寄生虫，每隔 20 天左右用混杀安（0.2%的阿维菌素乳制）杀虫，用量为 15 毫升/亩，用药第二天用二氧化氯消毒池水，用量为 167 毫升/亩。养殖期间，没有发生虾病、鱼病。

⑤ 捕捞。9 月，是对虾捕捞季节。这时，对虾体长已达 10 多厘米，开始用地笼诱捕，同时，慢慢降低池塘水位至 1 米以下。一般经 3～4次诱捕后，至 9 月底，对虾基本已经捕净。留在池塘中的黄颡鱼，继续适量投喂专用饲料，至 11 月中下旬停食，并根据市场行情，适时干塘捕捞。

（4）试验结果。

1）2010 年，套养黄颡鱼夏花，对虾亩产 312 千克，产值 8750 元；黄颡鱼鱼种亩产 63 千克，产值 1530 元；亩总产值 10280 元。除去成本 5270 元（承包费 350 元、对虾苗 500 元、黄颡鱼夏花 120 元、饲料 3200 元、渔药 250 元、水电 350 元、人工 500 元等），每亩利润 5010 元（套养黄颡鱼增加利润超过 1100 元）。

2）2011 年，套养黄颡鱼鱼种，对虾亩产 341 千克，产值 9889 元；黄颡鱼亩产 48 千克，产值 1512 元；每亩总产值 11401 元。除去成本 6020 元（承包费 350 元、对虾苗 500 元、黄颡鱼鱼种 360 元、饲料 3610 元、渔药 300 元、水电 400 元、人工 500 元等），每亩利润 5381 元（套养黄颡鱼利润超过 1000 元）。

（5）小结。

1）南美白对虾池塘套养黄颡鱼模式操作简单，实用性强，与同一区块的专养对虾塘比较，亩增效益在千元以上，是值得应用与推广的实用技术。

2）南美白对虾养殖塘中套养黄颡鱼，具有两个比较明显的好处：一是黄颡鱼夏花需要摄食浮游动物，而养殖 1 个月后的对虾池塘，池水已明显转肥，浮游生物量丰富，这给黄颡鱼夏花创造了良好的生长环境，所以，苗种成活率高，生长快；二是黄颡鱼可利用对虾养殖过程

中的饲料残饵，无需投喂专用饲料，增加了养殖效益，减少了池底的有害物质累积，起到预防对虾病害的作用。

3）池塘套养 2 龄黄颡鱼鱼种，出现自然繁殖现象，影响了商品鱼规格。所以，套养或专养 2 龄黄颡鱼鱼种，最好能做到雌雄分养。

4）本试验仅对南美白对虾养殖塘套养黄颡鱼有无效益得出了结论，尚未进行不同放养密度效益情况的对比试验。所以，有关南美白对虾塘套养黄颡鱼的合适密度，有待进一步的研究。

3. 草鱼、青虾高效混养模式

鱼虾混养模式是一种以草鱼为主、混养青虾、轮捕轮放的高效养殖方式，主要在浙江省金华市等地推广。

（1）草鱼、青虾的生态和生活习性。

1）草鱼。喜欢栖息于江河、湖泊等水域的中、下层和近岸多水草区域，水深在 1.5～2.5 米，水体透明度 30 厘米以上。性情活泼，游泳迅速，常成群觅食，性贪食。摄食的种类随生活环境里食物基础的状况而有所变化；因其生长快、个体大、肉质肥嫩、味道鲜美，在我国成为主要精养对象。

2）青虾。喜栖于淡水和水草丛生的缓流间、溶解氧丰富的水域，窒息点为 1 毫克/升。白天隐蔽，夜晚在池边活动、觅食。食性广，以植物性饵料为主。一生中需蜕皮 20 余次，在非蜕皮阶段，互残和被食现象较为严重。因其生长快、个体大、繁殖强、肉质细嫩鲜美、营养丰富等特点，深受养殖户和消费者喜爱。

3）鲢鱼。滤食性鱼类，以浮游植物为食，生活在水体中、上层。

（2）草鱼、青虾混养技术。

1）池塘条件。塘埂坚实不渗漏，水深 1.5～2.5 米，面积以 5～10 亩为宜，避风向阳、环境安静、水质清新、水源充足，且进排水方便；每3～5亩配备增氧机 1 台。池底淤泥为 10～20 厘米，池塘四周水生植被良好，为青虾创造较好的生长、繁育和隐蔽条件。

2）清塘消毒。鱼池干塘后，必须进行修整、堵漏及挖去过多的淤泥。

池塘清整后，放养青虾种苗前 10～15 天，保留池水深 10 厘米，用

生石灰75～150千克/亩溶解后全池泼洒，除去野杂鱼类和敌害生物。7～10 天药性消失，用筛绢网过滤，向池塘加水，使池塘水位控制在0.6 米，以确保水生植物生长。新开池塘在注水后，每亩施发酵粪肥(猪、鸡粪)300 千克，以培育浮游动、植物和底栖饵料生物。这是青虾早期生长阶段提高成活率和生长速度的关键。

3）合理放养。2～3 月选择体质健壮、无病无伤、行动活泼、反应灵敏、规格整齐的草鱼、鲢鱼进行放养，放养前用 3%～5%的盐水浸泡。4 月底至 5月初，选择体质健壮、体色正常、无病无伤的抱卵虾进行放养(表 7-4)。

表 7-4　草鱼、青虾混养规格和数量

序号	品种	数量	规格	备注
1	草鱼种	500 尾/亩	100～200 克/尾	
2	草鱼种	1200 尾/亩	20～30 克/尾	
3	草鱼夏花	10000 尾/亩	3～5 厘米/尾	
4	鲢鱼	60 尾/亩	250～500 克/尾	
5	抱卵青虾	5 千克/亩	100～120 只/千克	

4）投饵管理。养殖期间，采用全价配合饲料投喂；为适应青虾生长和摄食需要，适当在饲料中增加脱壳素。饵料投喂坚持“四定”原则，并根据天气、温度、水质和鱼群活动情况适当调整投饵量。切记投喂饵料要保持新鲜，不投过期变质或霉变饵料，以免引起鱼虾生病或死亡。

5）水质管理。青虾生长要求水质清新，要经常加注新水。一般每隔7～10 天加注新水 1 次，生长旺盛期，每 3～5 天加注新水 1 次，做到勤注少换，保持水体“肥、活、嫩、爽”；同时在生长旺季每半月全池泼洒生石灰 1 次，每亩用量 10～15 千克，以调节水质。

6）病害防治。坚持“预防为主、防重于治”的方针，采取用生石灰化水全池泼洒的方法预防病害，同时用生物制剂调节水质。所用药物严格按照国家关于渔用药物使用准则执行。

7）日常管理。及时巡查，做好记录。坚持早晚巡塘，观察水色和鱼、虾的活动情况，并做好三项记录，发现问题及时解决，根据水色判断塘内水质是否符合生产要求。根据季节、天气等情况适时开停增氧机，尤其是在夏季高温、闷热、雷雨及天气突变时，要加强巡塘。

8）捕捞。草鱼采用“轮捕轮放、捕大留小”方式分散上市。青虾通过每天放置虾笼方式捕捞，少量成虾和虾苗待干池后起捕销售和放养。

(3) 实施效果。这种养殖模式，一般每亩可产草鱼 750 千克以上、鲢鱼 100 千克以上、青虾 40～50 千克，成活率达到 90％以上，实现产值 14000 余元，每亩纯收入 6000 元以上，效益十分可观。

(4) 养殖实例。兰溪市南峰水产养殖场，2009 年开始研究草鱼、青虾混养模式，经过两年的摸索试验，2010 年 1 口鱼虾混养池塘 60 亩共放养 80 尾/千克的草鱼种 7.2 万尾、草鱼夏花 60 万尾、50～200 克/尾的草鱼种 3 万尾、250～500 克/尾的鲢鱼种 3600 尾、青虾 300 千克，年底实现草鱼产量 50940 千克（其中 0.3～0.35 千克、0.65～0.75 千克和 6～8 尾/千克三种规格各占 1/3）、鲢鱼 6180 千克、青虾 2450 千克，当年实现产值 93.23 万元，纯收益达 50 万余元，经济效益十分显著。

4. 池塘主养黄颡鱼养殖模式

池塘主养黄颡鱼是指采用 3～5 厘米以上的黄颡鱼鱼种饲养成商品鱼的生产过程。近几年来，浙江省许多地方已开始积极开展池塘主养及混养黄颡鱼并已获得较为成熟的技术和模式，尤其在大规模人工繁育苗种技术上取得较大突破，从而缓解了苗种供应紧张的矛盾。浙江省湖州地区黄颡鱼养殖十分普遍。

(1) 池塘条件。

1）水源和水质：池塘主养黄颡鱼，要求水源充足，水质良好，不含对鱼类有害的物质，鱼池最好靠近河道，或配有增氧机和抽水机等机械设备。

2）鱼池面积、水深和底质：黄颡鱼对池塘面积要求不严格，大小鱼池都可用于养殖。但每个池塘都须有可控制的进排水口。水深以

1.5～2.5 米较为理想，池塘较浅、光照度较强，不利于黄颡鱼喜弱光下摄食的要求。池塘底质以沙质土最好，黏土及少硬泥池塘亦可，底部淤泥不能太厚，10 厘米左右即可，并要求保水及保肥力强，池水容易培肥。池塘进出口处要设防逃网，防止黄颡鱼外逃。

（2）池塘的清整及消毒。池塘清整是改善黄颡鱼生活环境的重要环节，应将池塘底部整平，并在排水口端底部挖出 50 平方米比其他地方深 20～25 厘米的坑涵为宜（捕捞以干池为主），以便于成鱼捕捞之用，并将池塘中杂草等清除。一般在投放鱼种前 15 天左右，将池塘用生石灰、漂白粉等药物消毒，清除野杂鱼类，在每亩施放有机肥料 150～200 千克，待池塘水体中大量的浮游动物出现后投放鱼种。投放的鱼种要严格消毒，通常采用 3％食盐等溶液洗浴后放入成鱼饲养池塘。

（3）放养密度。池塘主养黄颡鱼放养密度与鱼池条件、环境因素、鱼种规格、饲养水平、水源及消费商品鱼规格的习惯等因素有关。长江以南地区每亩放养 3～5 厘米规格黄颡鱼 8000～10000 尾左右，5 厘米以上每亩 4000～6000 尾左右，待放养的颡鱼生长到体长约 7～8 厘米时，水质已开始变肥，此时每亩投放鲢鱼、鳙鱼 200 尾左右，其规格为6～9 厘米，以控制黄颡鱼池塘中的水质。当年的苗种可养成规格为 50～100 克的商品鱼，一般生长时间为一周年左右。

（4）饲料与投喂。主养黄颡鱼成鱼的饲料，有天然鲜活饲料和人工配合饲料两类，依据各地的资源情况而定。

1）鲜活饲料：包括小杂鱼、虾、水陆生蚯蚓等等，这些饲料是黄颡鱼喜食的，但来源各地有所差异，有的地方资源丰富，有的地方则比较有限。多数饲养者将小杂鱼虾通过加工绞碎成鱼浆直接投喂，有些地方将小杂鱼虾绞碎成浆后用植物性粉状饲料混合后投喂。

2）人工配合饲料：黄颡鱼商品鱼配合饲料营养需要标准为：粗蛋白 38％～40％、脂肪 7％～9％、碳水化合物 20％～23％、纤维素 5％～6％。黄颡鱼商品鱼饲料的动物原料有：鱼粉、蚕蛹、肉骨粉、羽毛粉、血粉、菌体蛋白粉、酵母等，植物性原料有：黄豆饼、棉籽饼、玉米和小麦粉等。饲料经粉碎后按配方加工成直径为 1.5～2 毫米的颗粒。

3）饲料投喂：投饲是饲养中的关键技术，所谓科学投饲法，就是根据饲养鱼类品种的不同和环境因素的变化，适时调节投喂量、投喂时间以及投饲的种类，既要均衡地满足鱼类对营养物质的需求，又要恰到好处地充分发挥饲料最大的利用率。

① 在饲养生产中，要确保鱼的正常生长，必须根据放养量、鱼体重和饵料系数来确定投喂量。日投喂量根据池塘黄颡鱼总体重与水温的关系而定，当水温为10～15℃时，投饲率为1.5%～1.8%；当水温为15～20℃，投饲率为2%～2.5%；当水温为20～36℃，投饲率为4%～5%，温度过高也要适当减少投饲量。

② 投喂方法。投喂方法为“四定”“四看”。所谓“四看”，就是掌握了日投饲量后，还得看季节、看天气、看水质、看鱼的吃食与活动情况以确定实际投饲量。看季节。就是根据不同季节调整投饲量，通常是8、9、10月为投饲高峰，7月虽然水温已升高，但由于鱼体还小，因此饲料总用量并不大；11月虽然水温已下降，但为了保肥越冬，仍需投喂一定量的饲料。看天气就是根据当天的气候变化决定当天的投饲量，如阴晴骤变、酷暑闷热、雷阵雨天气或连绵阴雨天，都要减少或停喂饲料。看水质。就是根据池水肥瘦、老化与否确定投饲量。水色好、水质清淡，可正常投饲；水色过浓、水蚤成团或有泛池的征兆，就停止投饲，等注换水后再喂。看鱼的吃食与活动情况，这是决定投饲量的直接依据。如池鱼活动正常、在1小时内能将所投喂的饲料全部吃完时，可适当增加投饲量，否则减少投饲量。“四定”投饲：定时投喂，一般每天2次，早上8:00以前、下午6:00以后各投喂1次。定点投喂对群栖性的黄颡鱼来说更是必要的，这样既便于检查鱼群的摄食情况，及时掌握投喂量，也易于清理残饵和防治疾病。黄颡鱼在3厘米长后基本上与成鱼食性相同，这时必须在池塘用40目以上的塑料网布搭设饵料台，根据池塘大小而定，通常每亩需要2～3个约3～5平方米饵料台。逐渐驯化黄颡鱼养成在饵料台上摄食的习惯。如果有些地方池塘底部淤泥极少，可在池塘四周设定几个饲料投喂点。定质投喂，就是要确保饲料的质量，在饲养中不要投喂霉烂的饲料，投喂的

饲料要基本稳定，如时常变换饲料配方，往往影响黄颡鱼正常摄食。人工配合饲料必须加工到一定的细度，如果细度不够，会直接影响黄颡鱼的消化吸收。

(5) 水质管理。水质管理的好坏也直接影响黄颡鱼的生长。如溶解氧充足，水质清新，则可为其生长提供良好的水环境。定期向成鱼池加注新水，可增加水中含氧量，保持水质优良，还可培养浮游生物和保持鱼类必要的活动空间，加速黄颡鱼的生长。注水应根据水质情况、透明度及水位变化而定，一般 10 天或 15 天 1 次，天气干旱时应增加注水次数。有条件的地方最好在池塘中设置增氧机，以改良水质，增加溶解氧量，为黄颡鱼的生长提供良好的生态条件，同时可预防鱼类浮头，提高成鱼产量。体长 8 厘米的黄颡鱼在池塘主要摄食活性生物饵料。饲养初期可在池塘施肥培育大量的浮游动物，待鱼种长大、食性转变后不再施肥，以投喂饲料为主。

实例 1：池塘黄颡鱼主养

南浔区和孚镇新荻村徐新培养殖户，主养黄颡鱼的池塘面积 21.8 亩，2009 年 9 月 28 日放养 30 万尾夏花鱼种，规格为体长 2 厘米，套养翘嘴红鲌 18000 尾冬片鱼种，规格为 25 克/尾。饲养到 2010 年 10 月 12 日起捕出售，黄颡鱼产量 21.4 吨，规格 100 克/尾，价格 22 元/千克，销售额 47.08 万元；翘嘴红鲌产量 5 吨，规格 350 克/尾，价格 10 元/千克，销售额 10 万元。池塘亩产量 1211 千克。经济效益核算：鱼种成本 3.2 万元，消耗黄颡鱼及翘嘴红鲌专用浮性饲料 34 吨，饲料成本 27.2 万元，塘租费 2.45 万元，电、油等其他成本 1.45 万元，合计总成本 34.3 万元；总产值 57.08 万元，总利润 22.78 万元，每亩利润 10449.5 元。

实例 2：池塘翘嘴红鲌、黄颡鱼混养

湖州沈氏水产苗种有限公司采用池塘翘嘴红鲌为主养鱼，套养黄颡鱼、青鱼、花䱻、鲢鱼、鳙鱼，取得了良好的养殖效果及经济效益。

2009 年 12 月放养翘嘴红鲌 5000 千克、规格 350 克/尾，黄颡鱼 800 千克、规格 17 克/尾，花䱻 500 千克、规格 10 克/尾，青鱼 70 千克、规格 167 克/尾，鳙鱼 30 千克、规格 250 克/尾，鲢鱼 250 千克、规格 5000 克/尾(后备亲本培育)。

2010年8月29日起捕翘嘴红鲌13.9吨，年底起捕1.5吨，合计翘嘴红鲌产量15.4吨，出池规格550克/尾，出售价格21.4元/千克；黄颡鱼产量1.1吨，出池规格100克/尾，出售价格21元/千克；花鲟产量0.55吨，出池规格150克/尾，出售价格22元/千克；青鱼产量0.25吨，出池规格2500克/尾，出售价格12元/千克；鳙鱼产量0.75吨，出池规格500克/尾，出售价格9.6元/千克；鲢鱼产量1吨（留作后备亲鱼）。池塘亩产量1465千克，其中黄颡鱼亩产量84.6千克。

养殖过程中投喂浮性白鱼配合饲料10吨、蛋白质含量42%，沉性配合饲料5吨、蛋白质含量35%，饲料系数1.3。总成本22.154万元，每亩成本17042元，其中：鱼种8.854万元、饲料10.8万元、塘租费1.3万元、电费0.6万元、人工费0.4万元、折旧费0.2万元。总产值37.496元，每亩产值28843元，总利润15.342万元，每亩利润11802元。

5. 黑鱼池塘混养模式

以黑鱼养殖为主，搭养花鲢、鲫鱼等常规品种进行黑鱼成鱼养殖，这是近年来杭州市余杭区黑鱼池塘养殖中出现的一种新型混养模式，生态和经济效益显著，具有较高的示范和推广价值。

(1) 池塘条件。一般为土池，形状长方形，单个塘面积以5亩左右为宜，池水深1.5米（在夏季高温季节适时加注新水，使水深保持1.8米左右），池底淤泥不超过20厘米。池塘水、电、路三通，配有管理用房、增氧机等基础设施。水源充足、无污染，池塘周围无污染源、无噪音。

(2) 主要特点和做法。与黑鱼专养模式养殖相比，此种模式具有自身的特点和做法：

1) 较低密度养殖。在放养前，池塘按常规清整消毒。3～4月，每亩投放黑鱼1000～1200尾，规格为100～150克/尾。每亩搭养花鲢60～80尾（100克/尾），鲫鱼150尾～200尾（100克/尾），还可搭养少量草鱼（亩搭养10尾，250克/尾）。

2) 投喂冰鲜料。饵料主要以冰鲜鱼为主。在苗种饲养阶段，每天投喂2次，时间为上午8:00和下午4:00；在成鱼养殖阶段，每天投

喂1次，时间为早晨6:00～7:00。投喂量以1小时左右吃完为准。

3）换水少，对环境基本无影响。全年基本不换水，水深常年保持1.5米左右，在夏天高温季节，应适时加注新水，使池水深达到1.8米。水面种植水葫芦和水浮莲等水生植物，种植面积达到水面的1/3，以达到隐蔽、遮阴和改良水质的作用。

4）鱼病少，成活率高。养殖过程基本不发生病害，全养殖周期共防病2次，春季(4月)1次、夏秋季(8月)1次。选用敌百虫、二氧化氯等常规药物进行水体泼洒消毒，养殖鱼类成活率保持在95%以上。

5）商品鱼上市规格大。9～10月起捕后，上市销售的黑鱼规格为1千克/尾以上，花鲢1千克/尾以上，鲫鱼0.35千克/尾以上，草鱼1～1.5千克/尾。

6）经济效益可观。每亩产黑鱼1000千克，常规鱼150千克，在苗种自繁自育情况下，去除包含苗种在内的各项成本，每亩纯利润在5000元以上。

(3) 讨论与分析。

1）生态效益明显。这种混养模式在主养黑鱼的同时兼养2～3种常规鱼，总体上养殖密度较低，确保了鱼类足够的活动空间，同时水面种植一定量的水生植物，通过合理搭配不同食性、不同水层的鱼类及数量比例，利用不同鱼类及水生植物共生原理，提高了养殖水体自净与生态修复能力，减少了鱼病的发生。整个养殖过程基本不换水，在提高水产品品质的同时有效维护了生态平衡。

2）经济效益可观。①由于水域环境优良，病害少，上市商品鱼规格大，产品颇受消费者欢迎。②发病少，亩产稳定，养殖风险小。③搭养常规鱼充分挖掘了池塘生产潜力，提高了养殖综合效益。

3）发展前景看好。该模式有效解决了黑鱼专养中存在的面源污染问题，符合生态渔业的发展要求。同时养殖管理简便，产品品质高，养殖风险小，在开展养殖的同时，还可考虑发展生态休闲观光渔业，使养殖与农家乐结合起来，具有很大的推广价值。

养殖实例

余杭区塘栖镇莫家桥村养殖户包炳华2008年养殖的1口黑鱼混养

池塘，面积为5亩，3月26日放养黑鱼苗种5000尾（规格150克/尾），鲫鱼1000尾（100克/尾），花鲢400尾（100克/尾），其中黑鱼苗种为自繁，鲫鱼和花鲢苗种为购买夏花后培育。起捕时间为当年10月16日，实际总产量为5535千克，其中黑鱼4800千克，鲫鱼343千克，花鲢392千克；销售产值82680元，其中黑鱼76800元，鲫鱼2744元，花鲢3136元。去除苗种、饲料、塘租等成本51380元，实现利润31300元，平均每亩利润6260元，投入产出比为1∶1.61。

6. 无公害黑鱼池塘专养模式

（1）养殖池要求。

1）养殖池土质要符合GB 15618－2008土壤环境质量标准的规定。

2）养殖池鱼种培育面积200～1300平方米（0.5～2亩）为宜，商品鱼（成鱼）养殖池面积1300～3300平方米（2～5亩）为宜。

3）鱼种培育池水深0.5～1.0米为宜，商品鱼（成鱼）养殖池水深1.5～2.0米为宜。

4）池形一般为长方形（长宽比为3∶2）。

5）要求光照充足，四周无高大建筑物或树木遮挡阳光。

6）要求水源充沛，尤其是夏季高温期间应随时有充足的水量灌注。

7）要求池塘保水性能好，不渗水。

8）渠系配套，灌水、排水方便，进排水分设。

9）池塘四周用竹篱笆、尼龙网等材料围高50厘米以上，防止外逃。

（2）水质要求。

1）水源水质应符合GB 11607－1989的规定，即符合渔业水质标准。

2）养殖池水质应符合NY 5051－2001的规定，即无公害食品淡水养殖水质标准的要求。

（3）环境要求。

环境安静，无噪音污染。

（4）鱼种要求。

苗种选择斑鳢和本地乌鳢杂交所得的杂交醴。杂交鳢养殖过程

可全程采用人工浮性饲料喂养，具有生长速度快、养殖周期短、病害少、成活率高、养殖效益好等优势。

(5) 鱼苗(乌仔)培育。

1) 池塘准备。乌仔培育的池塘一般以0.5～1亩的小塘为宜，经冬季清淤暴晒后，鱼苗下塘前10～15天用生石灰干法清塘消毒，用量为75～150千克/亩，进、排水口用60目以上的筛绢包扎，消毒后3～5天进水50～60厘米。

2) 放养。下塘时间选择在晴天上午进行，投放密度为50万～100万尾/亩。

3) 投饵及分筛。乌仔培育阶段主要投喂活轮虫和枝角类饵料生物，待鱼苗长至2厘米后，可将活的轮虫和死的轮虫掺和投喂。投饵应注意少量多次，要保证饵料生物充足，每天投喂6～7次为宜。育苗池塘应配备增氧设施，可采用气泵冲氧或底部增氧的方法，避免局部缺氧的现象发生。从鱼苗下塘培育开始，把它们从体长1厘米养至3厘米左右的夏花鱼种，需用专用的鱼筛进行2次的分筛选择过程，将大小规格不等的鱼进行分养。

4) 拉网锻炼。当乌仔培育至体长3厘米左右达到夏花鱼种规格可出塘，整个培育过程15天左右。出塘前2～3天，需进行拉网锻炼及分筛，分筛后的鱼种按规格的大小进入下一阶段鱼种培育。

(6) 鱼种分级培育。

从体长3厘米夏花鱼种培育至50～100尾/千克大规格鱼种，为鱼种分级培育阶段。

1) 池塘准备和下塘。可参照鱼苗(乌仔)培育的池塘准备方法，不需大棚。因分养需要，需准备和初期鱼种培育池塘相等面积的空塘。

鱼种培育池塘以1亩大小的池塘为宜，下塘时间选择在晴天上午进行。投放密度在5万～10万尾/亩。

2) 驯食投饵。

① 驯食设施。在靠近池塘边设置食台，食台设在水面下25厘米处，并成斜坡状，用竹桩固定，内侧四周固定20厘米高的30～40目网

片，同时食台可随水位变化而进行调整。在杂交鳢驯食期间，为避免冰鲜饲料或混合饲料的浪费，一般投喂在食台上。② 驯食方法。首先把冰鲜鱼打浆制成团状，投喂在食台上，同时泼水和用工具敲击，形成水流和声音刺激，诱鱼摄食，一般经多次刺激可形成鱼对声音的条件反射，一听到声音会聚拢到食台附近。投饲量以 1.5～2 小时吃完为宜，每天 4～6 次，要定时投饲。3 天后，可将膨化颗粒饲料（0 号料）拌入到冰鲜鱼浆中，做成团状投在饲料框中，通常 7～10 天后，饲料可添加 80%以上，最终可完全摄食膨化颗粒饲料。

3）筛选分养。

① 分筛工具。采用专门的分筛工具——鱼筛，以广东的鱼筛为标准，另配备分筛时所需的长网箱和质地柔软的小抄网等工具。② 筛选分养的时间和频率。一般在驯食成功后即可进行初次筛选分养。在鱼种分级培育阶段，需勤筛勤选，一般每隔 5～7 天分筛 1 次。③ 分筛的操作方法。将长网箱搭建在需分筛的池塘中，用密网将鱼种捕至长网箱中，并集中在其中一隔，鱼筛放另一隔中，一半没入水中，用软抄网将鱼种抄至鱼筛中，用手在鱼筛外面轻轻搅动水体，使小规格的鱼种漏出鱼筛外。约半分钟后，迅速提起鱼筛，将筛中未漏出的大规格鱼种放入另一隔中，反复操作，直至所有鱼种分筛完毕。在操作中，要根据鱼体的实际大小选择鱼筛的规格，通过两种规格鱼筛的分选：可将鱼分成 3 种规格。“泡头”鱼种可在分筛过程中手工捡出，或在大规格鱼种一档中，用更大规格的鱼筛用同样的方法筛出。整个分筛过程要求动作轻便，带水操作。

分养原则是分小留大，大规格鱼种留在原塘培育，小规格放入其他空塘。

4）日常管理。

① 投饵。驯食成功后，可采用全人工配合饲料进行投喂，此时可撤去食台，用 PVC 管在原食台位置搭建 1 个浮框。初期饲料使用 0 号、1 号和 2 号料。日投饵 4 次，投饵量按鱼体重 5%～8%投喂。②水质调控。驯食阶段，因采用鱼浆，水质较易恶化，可根据实际情况适当换水。可在培育池塘一角种植水葫芦等水生植物调节水质。每

隔10～15天可使用高效有益微生物制剂进行水质调节。③ 病害防治。鱼种培育阶段病虫害主要以车轮虫、小瓜虫为主，定期当施用杀虫和消毒药物如硫酸铜、杀虫净、敌百虫、溴氯消毒剂等，另外，肠炎病也是高发病，可在饲料中适当添加土霉素等抗菌素或者酵母等助消化的添加剂。

(7) 成鱼养殖。

1) 准备工作。鱼种放养前做好池塘修整和池塘消毒工作(参考鱼苗培育的池塘准备方法)，池塘可配备功率为1千瓦的增氧机。池塘一角1/5左右水面种植水葫芦以调节水质并供鱼隐蔽遮阴。因分养需要，需准备与初期成鱼养殖池塘相等面积的空塘1口。

2) 放养时间、数量、规格和比例。鱼种放养从5月底至6月初按规格大小分几个阶段进行，鱼种规格宜控制在150尾/千克左右。放养密度为6000～8000尾/亩，待鱼种培育至250克左右，个体间大小差异明显后，采用"留大分小"的原则，及时分池。大规格鱼种(≥250克/尾)和小规格鱼种(≤250克/尾)要分池培育。放养密度控制在4000～5000尾/亩。

3) 饲料投喂。

① 饲料种类。饲料使用杂交鳢专用膨化颗粒饲料，投喂饲料的颗粒粒径必须与鱼的口径一致，初期可投喂1号料和2号料，当鱼体重在50～150克时投喂3号料，150～300克投喂4号料，300～500克时投喂5号料，500克以上投喂6号料。② 投饲量。日投饲量按鱼体重的3%～8%投喂，鱼种规格小时投饲量的比例高些，投饲次数多些，后期具体视水温、水质、天气和鱼的摄食情况适当调整，日投饲2～4次。③ 投饲方法。坚持"四定"投喂原则，投喂后1～2小时及时检查摄食情况。遇天气异常或鱼有浮头现象时，应推迟投喂时间或调整投饲量，当水温低于10℃时停止投喂。

4) 水质调控。

① 池塘一角可种植占水面1/5左右的水葫芦，以调节水质并供鱼隐蔽遮阴。② 定期使用石灰调节水质，一般生石灰每隔15～20天使用一次。③ 每隔15～20天使用一次高效有益微生物制剂，保持良好

的水质。④ 保持池水的透明度在25～30厘米，高温季节7、8、9月每日午后开增氧机1.5～2小时，每15～20天注新水10～15厘米。

5）巡塘。每天早晚各巡塘一次，定期观察鱼的活动和生长情况，定期测量苗种的生长速度，及时检查发现鱼种有无异常情况，清晨观察鱼有无浮头情况，浮头程度如何，在高温季节下半夜也要巡塘，以在发生严重的浮头和泛池现象时能及时启动增氧机，采取各种防治措施，仔细观察水色、及时换水、随时清除杂草。做好池塘日常记录，包括天气、水温、水质、鱼的投放、起捕规格、数量、进排水量、投饲量、鱼的吃食情况、鱼的病害、死亡、用药等基本信息。

6）病害防治。以防为主，对症下药，不使用违禁药物，坚持休药期原则。

7）捕捞。10月以后可陆续起捕出售，起捕先用大网扦捕，后干塘捕捉。上市前1～2天应停止投饲。

养殖实例

余杭区运河镇新宇村养殖户李国叙2008年养殖杂交乌鳢，池塘面积0.83亩，5月30日放养规格为237尾/千克的杂交鳢鱼种5812尾，到11月27日干塘，共起商品鱼2338千克（其中规格0.45千克/尾以上的2071千克，其以下的267千克），总售产值32198元，去除苗种、饲料、塘租等成本25581元，实现利润6617元，平均亩利润7973元，投入产出比例1∶1.26。

7. 鱼鳖混养模式

鱼鳖混养是浙江省淡水地区具有较高经济效益的一种混养模式。

（1）模式特点。鱼鳖混养模式的优点在于充分利用池塘水体空间，进行生态立体高效养殖，另外由于鳖的残饵和粪便内氮、磷、钾等含量较高，可以起到培肥水质的作用，为以浮游生物为食的白鲢、花鲢提供快速生长的饵料，可以起到提高饵料利用率的作用，减少饵料对养殖水体的污染。因此，该模式不但可以提高池塘的利用率和商品鱼、鳖的质量，还可以大大提高池塘养殖的经济效益（图7-1、图7-2）。

图 7-1　鱼鳖混养基地现状图(1)

图 7-2　鱼鳖混养基地现状图(2)

(2) 主要关键技术。

1) 放养前期准备。

① 清塘。清塘在冬季捕捞结束后进行,一般为1~2月,首先抽干池水,暴晒2~3周,然后进水10厘米,每亩用生石灰150千克消毒,1周后进水80厘米。

② 投放螺蛳。池塘进水后每亩投入300千克螺蛳,即可作为青鱼、甲鱼的鲜活饵料,又能有效利用水体中的浮游生物,控制水体肥度,净化水质。

③ 培肥水质。在每亩池底铺施已经发酵腐熟的有机堆肥400~

500 千克，然后注水 40～50 厘米，培养浮游生物，使水质变浓达到嫩绿色或红褐色，池水透明度 30 厘米左右。

④ 建遮阴棚。用塑料布或其他材料做成与食台平行的遮阴棚，其四边长出食台 50 厘米。

2）放养。

① 鱼种放养。池塘清塘工作结束后，一般于 2 月底放养，每亩放老口青鱼种 70～80 尾（1.5 千克/尾左右），花、白鲢鱼种 200 尾（10～20 尾/千克，花、白鲢比例为 1∶3），黄颡鱼 400～600 尾（20～30 尾/千克）。应做好消毒工作，鱼种放养前在 2%的食盐水中浸泡 5～8 分钟再下水。

② 鳖种放养。准备当年上市的放养 0.4 千克/尾的大规格鳖种，每亩放养 300～350 只，放养时间为 2～3 个月。鳖种放养前也用 2%的食盐水浸泡 15 分钟，然后放入池塘中。

3）饲料管理。

饲料选择。当前中华鳖饲料主要有 3 类：

① 鲜活饲料。包含活鱼、冰鲜鱼、动物内脏、螺、蚌等。

② 混和饲料。用配合饲料混以不同比例的鲜活饵科做成的饲料。

③ 配合饲料。采取差异的饲料原料做成的粉状饲料，而配合饲料中又分为两种：一种是满足中华鳖生长需要的中华鳖全价配合饲料，另一种是非全价中华鳖配合饲料。在中华鳖养殖过程中，提倡采取中华鳖全价配合饲料，比喂其他饲料在经济效益上要好。主要原因为鲜活饲料营养不全面，冰鲜鱼新鲜度不够且带有致病菌和病毒。

饲料投喂。饲料投喂一定要严格按照定质、定量、定点、定时的“四定”原则。稚鳖时期，一般日投饲量为鳖体重的 5%～8%，定时定量把饵料放在食台上，每日投喂 3 次，分别在上午太阳升起时、中午 11∶00～12∶00 和下午 3∶00 左右各投 1 次，稚鳖饵料一定要喂足，每次投喂量以让稚鳖在 2 小时左右吃完为准。幼鳖时期，饵料的投喂量一般为其体重的 4%～5%，成鳖阶段为其体重的 2.5%～3%，投喂次数根据水温而定，水温为 18～20℃时，2 天 1 次；水温为 20～25℃时，每天 1 次；水温 25℃时，每天 2 次，分别为上午 9∶00 和下午 4∶00 后。

鱼鳖混养池塘还需投喂青鱼配合饲料。

4）水质调控。

池水要控制在微碱性，且在微碱性条件下水体中的致病菌不易生存；将池水 pH 控制在 7.5～8.0 会降低中华鳖的发病概率。水体透明度以 25～35 厘米为宜，水色呈黄绿色或茶褐色。中华鳖是以肺呼吸的两栖爬行类动物，日常管理中要保证充气设施的畅通，并根据水体状况调整充气时间的长短，并注意固定充气时间，使中华鳖形成习惯而减少惊扰。定期排污和换水，保持水质优良，确保中华鳖健康生长。

养殖实例

嘉兴市嘉善县姚庄镇渔民村养殖户陆瑞强。

2009 年的 1 口鱼鳖混养池，池塘面积 8 亩。

2009 年效益分析：共产商品鳖 1280 千克，商品鱼 6121 千克，产值共计 21.3 万元，平均每亩产值 26683 元，其中商品鳖亩产值 19200 元，占亩产值的 71.9%，商品鱼亩产值 7483 元，占亩产值的 28.1%，实现每亩纯收入超 1 万元。

八、淡水鱼类疾病生态防治技术

（一）导致鱼病发生的因素

鱼病是鱼类的致病因子作用于鱼体后，扰乱鱼类正常生命活动的一种异常状态。一切干扰鱼体生长的因子，包括病原生物、养殖水体环境因子（物理和化学的）、鱼体自身的生理失调（新陈代谢紊乱、免疫力下降）等都可能引起鱼病。总之，发生鱼病是病原、环境、鱼体相互作用的结果，这三者相互影响决定鱼病的发生和发展。

1. 水环境因素

鱼类是终生生活在水中的水生动物，其摄食、呼吸、排泄、生长等一切生命活动均在水中进行，水环境对鱼类生存和生长的影响程度超过对任何陆生动物的影响。

(1) 水温。鱼是变温动物，体温的升降随其生活水体的水温变化而改变，但不同种类有不同的适温范围。水温急剧升降时，鱼体不易适应而发生病理变化乃至死亡。如鱼苗下塘时，要求池水温度与原生活水体的水温相差不要超过 2℃，鱼种不超过 4℃。温差过大，就会导致鱼苗、鱼种的大量死亡。各种病原体在合适温度的水体中也将大量繁殖，导致鱼类患病。

(2) 水质。水环境的化学指标是水质优劣的主要标志，也是导致鱼病发生的最主要因素。在养殖池塘中，最主要的化学指标为溶解氧、pH 和氨态氮含量。鲤科鱼类在溶解氧充足（4 毫克/升以上）、pH 适宜（7.5～8.5）、氨态氮含量较低（0.2 毫克/升以下）时，鱼病发生率较低，反之鱼病的发生率高。水中溶解氧含量高低对鱼的生长和生存有直接的影响，溶解氧量低时鱼会浮头死亡，在缺氧时鱼体极易感染

烂鳃病；而溶解氧含量过高时，会引起鱼发生气泡病。当池水 pH 低于 5 或超过 9.5 时就会引起死亡，pH 低于 7 时极易感染各种疾病，在我国南方一些属酸性土壤的山区，pH 在 5～6.5 时，家鱼生长不快，且易感染嗜酸性卵甲藻而患“打粉病”。水中氨态氮含量高，家鱼极易发生暴发性出血病。

2. 底质因素

养殖水体的底质是指水接触的土壤和淤泥层。淤泥中腐殖质多，含有大量的营养物质，如有机物和氮、磷、钾等，淤泥具有供肥、保肥和调节水质的作用，保持适量的淤泥层是必要的。然而淤泥堆积过多，有机物耗氧量过大，容易造成鱼类缺氧，还会酸化水质，产生分子氨和亚硝酸盐等有害物质，损害鱼鳃表皮细胞，降低血红蛋白载氧功能，影响鱼类的正常呼吸，给各种病原菌侵入创造了条件，直接或间接形成各种疾病，甚至危及鱼类的生命。如危害性极大的细菌性败血病等暴发性鱼病，与养殖池长期不清淤泥有直接关系。

3. 生物因素

(1) 病原体。鱼病多数是由各种生物感染或侵袭鱼体而导致的，水中使鱼体致病的生物称病原体。病原体有病毒、细菌、黏细菌、真菌、藻类、原生动物、吸虫、线虫、棘头虫、绦虫、蛭类、钩介幼虫、甲壳动物等。由病毒、细菌、真菌和藻类等侵袭引起的鱼病，通常称为传染性鱼病；由原生动物、吸虫、线虫、绦虫、甲壳动物等寄生虫引起的鱼病，称为寄生性鱼病。

(2) 中间宿主。一些生物本身并不能使鱼致病，但它是病原体的中间宿主或传播者，如某些剑水蚤是九江槽绦虫的中间宿主，某些软体动物是复殖吸虫的中间宿主等。

(3) 敌害生物。凶猛鱼类、蛙类、水蛇、水老鼠、水鸟、水生昆虫、青苔、水网藻等直接或间接危害养殖鱼类，称为敌害生物。

4. 人为因素

(1) 放养不当。放养密度过大，混养比例不当，容易造成缺氧、饲料不能充分利用或鱼类相互争食，使鱼体生长不良，体质瘦弱，抵抗力

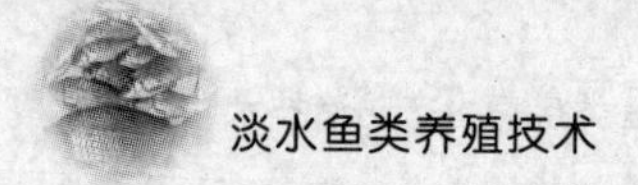

下降,易诱发疾病。

(2) 饲养管理不当。投喂不清洁或变质饲料以及投喂多少不定,会引起肠炎等疾病发生,鱼池中的残饵亦会恶化水质诱发烂鳃病。

(3) 操作不慎。拉网或运鱼过程中操作不慎可造成鱼体受伤,增加病原体感染的机会,使鱼病的发生率大幅度提高。

(4) 鱼类的体质。鱼的体质是鱼病发生的内在因素,也是鱼病发生的根本原因。主要表现为品种和体质方面,一般杂交品种较纯种抗病力强,当地品种较引进品种抗病力强。体质好的鱼类各种器官功能良好,对疾病的免疫力、抵抗力都很强,鱼病的发生率就低。鱼类体质也与饲料的营养密切相关,当鱼类饲料充足、营养平衡时,体质健壮,较少得病;反之,鱼体质较差,免疫力降低,对各种病原体的抵御能力下降,极易感染发病。同时,营养不均衡时,又可直接导致各种营养性疾病的发生。养殖群体中可能存在一些易感性个体,所谓易感性个体,即抗病力弱的个体。病原体只有侵入到抗病力弱的鱼体后,才会引起疾病的发生和蔓延。

(二) 鱼类疾病的生态预防

生活在水中的鱼在患病初期很难被及时发现,一旦暴发,出现大量死亡以后,大多丧失食欲,难以通过内服药物治疗,即使使用外用药物,往往由于池塘水体过大,药物浓度难以控制而达不到理想的治疗效果。因此,在池塘养鱼生产过程中,做到无病先防,防重于治具有其特殊的意义。鱼病的发生是外界环境和鱼体内在因素综合作用的结果,预防鱼病发生要从池塘环境改良、增强养殖鱼类体质两方面着手,需要在养殖生产中的每一个环节层层把关。

1. 池塘水环境改良

(1) 养殖池塘进排水分开。养殖池塘水源是病原生物可能传入的途径之一。水源要充足,不被污染,理化指标必须适合养殖鱼类的生活需求。在一些水源条件欠佳的地区,要采用封闭式的循环养殖方式,并实施水源的消毒处理。各个池塘要有独立的进排水系统,即各个鱼池能够独立地从进水渠道注水入池,并能独立将池水排放到总排

水沟渠，进排水分开，避免出现一个鱼池发病，导致全场感染的危险。

（2）清理池塘。就是在季节性干塘后清除池底过多的淤泥，或对池底进行翻晒、冰冻。精养鱼池每隔1～2年必须清塘1次，因为淤泥中有机物分解要消耗大量氧气，在夏季很容易引起泛池，而且池底在缺氧的状态下会产生亚硝酸盐、氨氮、硫化氢、甲烷等有毒、有害物质，对鱼类健康造成危害。同时，淤泥是许多致病生物如有害细菌、水生昆虫、青苔、水绵的孳生地，是一些病原体的中间宿主，如螺、蚌的栖息地，清塘能消除敌害生物，减少鱼病发生。池底在阳光下暴晒或经过寒冬冰冻后，能使池底表层土壤疏松.改善池底通气条件，有利于加速腐殖质矿化过程，促使底泥中营养盐类释放。清淤后的池塘注入新水后塘水易于变肥，有利于鱼类生活生长。在干塘去除淤泥的同时还要加固池埂，清整滩脚，确保池塘不渗漏。

（3）生石灰清塘。鱼种放养前要先用药物清塘，杀死野杂鱼、敌寄生物和寄生虫、病原菌等，这是预防鱼病发生的重要措施之一。清塘使用的药物因地域差异而不同，常见的有生石灰、漂白粉、氨水、巴豆、茶饼、鱼藤精等。生石灰清塘是使用最普遍、效果最好的一种方法。生石灰遇水后迅速发生反应，产生氢氧化钙，释放大量热能，使池塘内pH在短时间内升高到11以上，达到杀灭野杂鱼、敌害生物、病菌的效果，生石灰清塘有干池清塘和带水清塘两种方法。

1）干池清塘。将池水排至10～15厘米后，用木盆将生石灰加水化开，不待冷却即全池均匀泼洒，然后耙动底泥，使生石灰和底泥充分混合。生石灰用量一般为每亩水面每米水深用50～75千克。

2）带水清塘。就是在池水不排出的情况下用生石灰清塘，生石灰化开后迅速均匀泼洒，用量为每亩水面每米水深用125～150千克。需要注意的是，各地生石灰实际用量出入很大，这是因为生石灰用量与生石灰质量、底泥和当地土壤酸碱度有关，如果池塘底泥多、土壤偏酸性，生石灰用量相对要大一些。干池清塘的效果远比带水清塘好，生产实际中大多数使用干池清塘法，在一些排水困难、水源不足的地方才使用带水清塘的方法。

（4）科学使用增氧机。增氧机是目前使用最为广泛，能有效改善

水质的专用养殖机械。在夏秋高温季节,晴天中午开机,可改善池塘溶解氧分布不均匀状况,利用池塘上层水中氧盈,改善池底溶解氧条件,降低池底氧债,促进池底有机物分解,抑制池底在缺氧状态下产生亚硝酸盐、氨氮、硫化氢、甲烷等有毒、有害物质。目前有些地方还推广池塘底部微孔增氧,效果很好。

(5) 使用环境保护剂。适时、适量地使用环境保护剂,可净化、改良底质,防止底质酸化和水体富营养化。所用的环境保护剂有生石灰、沸石、过氧化钙、光合细菌和益菌素等,可抑制硫化氢、氨氮等有毒物质的产生,抑制有害细菌繁殖,补充氧气和钙元素,增强鱼类摄食,促进鱼类生长和鱼体抗病力,减少感染疾病的概率。当 pH 偏低时可遍撒生石灰,以调高池水 pH,还可使底泥中的营养物质得到有效释放。

(6) 定期加注新水。在鱼类生长旺季,每隔 15 天左右向池塘内加注新水 10～15 厘米,增加水容量,有利于浮游生物更新,改善水质,对预防鱼病发生大有好处。

2. 控制和消灭病原体

(1) 严格检疫。是指对养殖的苗种、亲鱼进行传染性病原生物的检验,以防止传染性病原的输入、传播、扩散,保护本地区渔业养殖安全、有序、健康的发展。

(2) 实现生产全过程消毒。为防止一些传染性病原生物的繁殖和孳生,养殖生产全过程应进行"四消",即苗种消毒、工具消毒、饲料消毒(指鲜活饲料)、食场消毒(投喂点或食台)。消毒方式以物理方法为佳,如紫外线、臭氧等。工具、食台和鱼池消毒等可用氯制剂(漂白粉、强氯精等)、甲醛溶液、氧化剂(高锰酸钾、二氧化氯等)、季铵盐类等。

1) 苗种消毒。鱼类在分塘换池和放养时均应消毒,以预防疾病的发生。鱼类消毒前,认真检查机体携带的病原体,针对不同的病原体种类,选择适当的消毒药物。苗种放养前要在较高浓度的药物溶液中浸浴,杀死苗种携带的病原体和寄生虫,浸浴时间要根据苗种大小、体质强弱、药物浓度和水温高低灵活掌握。在苗种能忍耐的范围内浸

浴时间越长，效果越好。经常用于浸浴的药物有3%～5%食盐水、10～20毫克/升漂白粉溶液、8毫克/升硫酸铜溶液、10～20毫克/升高锰酸钾溶液、5毫克/升90%晶体敌百虫溶液以及8毫克/升漂白粉溶液与10毫克/升硫酸铜溶液的合剂等。

2）工具消毒。养鱼的各种工具往往是传播疾病的媒介，因此养鱼工具若不能做到专塘专用的话，在使用前必须消毒。网具消毒可用20毫克/升硫酸铜溶液或50毫克/升高锰酸钾溶液或5%食盐水浸泡消毒30分钟；木制或塑料制工具用5%漂白粉溶液消毒，然后用清水洗净后使用。

3）饲料消毒。投喂不清洁或变质的饲料，会将病菌带入池塘，因此对投喂的天然饵料应进行消毒处理。螺、蚌、蚬等要鲜活，饼粕类饲料和颗粒料要检验是否霉变，水旱草进池前用浓度为6毫克/升漂白粉溶液浸泡20～30分钟进行消毒，饼粕类饲料在浸泡过程中要加入3%～4%的食盐。施用有机肥时要充分发酵，施用时加入适量漂白粉进行消毒。

4）食场消毒。养殖过程中投喂量要适当，经常清除残饵。如果食场周围的残饵散落在水底，日积月累，这些有机物的腐败分解会为病原体的孳生提供有利条件。因此，在鱼病流行季节，每隔1～2周应在食场周围遍洒漂白粉溶液进行消毒，具体用量为每个食场用250克，先将漂白粉溶化在10～15升水中，然后泼洒到食场周围水体中。

（3）定期药物预防。大多数疾病发生都有一定的季节性。因此，掌握发病规律，及时在疾病流行前进行预防是一项非常有效的措施。要掌握本地养殖鱼类的发病规律，及时提前进行预防。

药物预防的方法有以下几种：

1）食场挂篓、挂袋。在每个食场四周挂3～6个小竹篓，每个篓中放100～150克漂白粉，让漂白粉的药性慢慢释放，使来食场觅食的鱼类，在摄食的同时对鳃和皮肤进行消毒，可预防烂鳃病和细菌性鱼病。如挂装有硫酸铜和硫酸亚铁合剂的布袋，则每个食场四周挂3个，每个布袋装硫酸铜100克，硫酸亚铁40克，每周挂1次，连挂3周，可预防寄生虫性鳃病。采用挂篓、挂袋方法交替使用，可同时预防皮肤病和鳃寄生虫病。

2）全池泼洒。在疾病流行季节来临前，定期用药物全池泼洒，常用药物及使用方法如下。

① 漂白粉。流行季节每15天泼洒1次，每亩水面每米水深用250克，对水后沿池边或食场附近泼洒，可预防细菌性疾病。

② 硫酸铜和硫酸亚铁合剂（5∶2）。流行季节每月使用1次，每立方米水体用0.7克。

③ 敌百虫。每立方米水体用0.3～0.5克90%晶体敌百虫，可预防寄生虫性鳃病和皮肤病，杀灭指环虫、三代虫、鱼鲺、中华鳋、锚头鳋幼虫等。

④ 生石灰。在我国中部地区从5月底至9月底每隔20天左右用生石灰泼洒1次，对改善水质、防病治病有很好的效果，特别对预防烂鳃病、赤皮病效果良好。用量为每亩水面每米水深用15～25千克，兑水后全池泼洒。

⑤ 药饵预防。鱼类体内疾病的预防，采用口服药饵的办法，即把药物掺在饵料中投喂。常用的有磺胺胍，拌入商品饲料，再挤压成颗粒。每日投喂1次，连用6天为1个疗程，一般按每10千克鱼用药1克计算投药量，一些使用配合颗粒饲料的单位，可向饲料厂家订购，只是生产颗粒饲料定型时的高温可能会影响药效，这是在提供配方时应注意的事项。在生产上经常使用大蒜药饵，这是一种更经济有效的方法：先将大蒜去皮捣成泥，然后再加入饲料中拌匀，稍晾干后投喂，当天配制当天使用，用量为每100千克鱼用0.5～1千克大蒜。

（4）保持鱼池清洁。鱼池是鱼类的生活场所，鱼池清洁与否直接影响到鱼的健康，应随时保持池塘水面及周边环境的清洁卫生，及时捞除池中污物残渣，铲除池中水草和池埂杂草，清除病原体和敌害生物的藏身地。

（5）杀死池中锥实螺等中间寄主。锥实螺是双穴吸虫、血居吸虫的中间宿主，是精养鱼种池中经常出现的有害螺类。要消灭池中的锥实螺，切断上述病原生物的寄生链。在养殖期间可在傍晚放入草把，翌日早晨取出，压死附在上面的螺类，连续几天，可达到杀灭锥实

螺的目的。

3. **增强鱼体抗病力**

鱼类生活在复杂的水环境中，许多病原体平时就在它们的生活环境中存在，所以加强饲养管理、进行科学喂养、提高鱼类自身抗病能力是预防疾病的根本措施。

(1) 科学放养。同一池塘以放养同一来源、同一规格的鱼种为宜，可以减少病菌交叉感染的机会，提倡鱼种冬放，冬季水温低，鱼体肥壮，鳞片紧密，病原体处在非活动期，鱼种不易感染得病。

(2) 加强日常饲养管理。平日操作应细心、谨慎，避免鱼体受伤，以免为病原生物的入侵打开门户。

(3) 投喂优质适口的配合饲料。科学的投喂方法能增强鱼类对疾病的抵抗能力，讲究投喂技术，根据鱼类品种、规格选用相应配方和粒形的饲料。使用时要根据鱼类活动情况、季节、天气、水温、水质等条件做到定时、定位、定质、定量投喂。

(4) 增强养殖群体的抗病力。培育和放养健康、不带传染性病原生物的苗种，这是养殖生产成功的基础。

(5) 免疫接种。是对养殖鱼类免遭暴发性流行性病传染最为有效的方法。国外已有商品化疫苗，国内一些科研单位已试制某些养殖种类的病原体弧菌疫苗，可以试用。目前一些生产单位应用土法疫苗和草鱼出血病灭活疫苗预防草鱼肠炎病、烂鳃病、赤皮病和出血病有一定效果。不过免疫途径是通过对每条鱼的注射，操作比较麻烦。

(6) 降低应激反应。在养殖过程中，由于人为因素如水污染、捕捞操作、投喂技术与方法不当或由于自然现象，如暴雨、高温、缺氧等因素的影响，常可引起鱼的应激反应。凡是偏离养殖鱼类正常生活范围的异常因子，统称为应激原，而养殖鱼类对应激原的反应称为应激反应。如果应激原过于强烈或持续时间长，养殖鱼类就会因自身能量消耗过大而使鱼类抵抗力下降，为水中某些病原生物的侵袭创造有利条件，最终引起疾病感染甚至暴发，导致鱼类大量死亡。因此，在养殖过程中，创造条件减少应激反应，是维护和提高鱼体抗病力的措施之一。

(7) 科学合理地使用营养物和药物。饲料和毒物之间并没有必然的界限，如某些维生素或氨基酸均为饲料中不可缺少的重要成分，当在日粮中缺乏时，把它们添加到饲料中也就成为药物了。由于所有的药物在用量过大时都会产生毒害作用，药物与毒物之间仅是量的差别，所以在使用药物治病时，一定要考虑到药物的两重性。正确诊断、对症下药，切忌乱用药或滥用药。了解药物性能，掌握使用方法，注意不同养殖种类、年龄和生长阶段的差异。了解养殖环境，合理施放药物。注意药物的相互作用，避免配伍禁忌。观察不良反应和是否出现蓄积中毒。用药后认真查看群体动态，总结防治效果。

(8) 建立隔离管理制度。养殖池发现病害特别是传染性疾病，首先应严格隔离管理，以免疾病传播、蔓延。对其周围包括进、排水系统进行消毒，工具专用，捞出的死鱼及时销毁，对病鱼做出诊断，确定防治对策。

(三) 常见鱼病及防治技术

1. 细菌性烂鳃病

【病原】病原为黏球菌。

【症状】病鱼鳃丝腐烂带有污泥，鳃盖骨内表皮往往充血，中间部分的表皮常腐蚀成一个不规则的圆形透明小窗（俗称“开天窗”）。在显微镜下观察，草鱼鳃瓣感染了黏球菌以后，引起的组织病变不是发炎和充血，而是病变区域细胞组织呈不同程度的腐烂、溃烂和侵蚀性出血。另外，有人观察到鳃组织病理变化经过炎性水肿、细胞增生和坏死 3 个过程，分为慢性型和急性型两种。慢性型以增生为主，急性型由于病程短，炎性水肿后迅速转入坏死，增生不严重或几乎不出现。

【流行情况】细菌性烂鳃病主要危害草鱼、青鱼，对鳙鱼、鲢鱼、鲤鱼也有危害。主要危害当年草鱼鱼种，每年 7～9 月为流行盛期，1～2 龄草鱼发病多数在 4～5 月。

【防治方法】① 用生石灰彻底清塘消毒；② 用漂白粉在食场挂篓，在草架的每边挂密眼篓 3～6 只，将竹篓口露出水面约 3 厘米，篓中装入 100 克漂白粉，翌日换药以前，将篓内的漂白粉渣洗净，连挂3 天；③ 每 100 千克鱼用 250 克鱼复康 A 型拌料投喂，每日 1 次，连用 3～6 天。

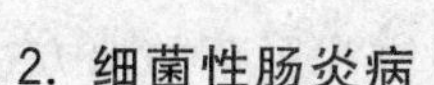

2. 细菌性肠炎病

又叫烂肠瘟、乌头瘟。

【病原】病原为点状产气单胞杆菌，属革兰氏阴性短杆菌。

【症状】病鱼行动缓慢，不摄食。腹部膨大，体色变黑，特别是头部显得更黑。有很多体腔液，肠壁充血，呈红褐色。肠内没有食物，只有许多淡黄色的黏液。如不及时治疗，病鱼会很快死去。

【流行情况】主要危害草鱼、青鱼，罗非鱼和鲤鱼也有少量发生。本病是目前饲养鱼类中最严重的疾病之一。

【防治方法】① 采用中草药预防。除加强饲养管理和常规消毒外，发病季节每月投喂下列任何一种方剂 1～2 个疗程。每 100 千克鱼每日用大蒜 500 克(或大蒜素 2 克)、食盐 200 克拌饲，分上、下午 2 次投喂，连喂 3 天；每 100 千克鱼每日用干地锦草、马齿苋、铁苋菜、咸辣蓼(合用或单用均可)500 克和食盐 200 克拌饲，分上、下午 2 次投喂，连喂 3 天，也可用鲜地锦草 2 500 克，鲜马齿苋、铁苋菜、咸辣蓼 2000 克拌饲；每 100 千克鱼每日用干穿心莲 2 千克或鲜穿心莲 3 千克打浆加盐拌饲，分上、下午 2 次投喂，连喂 3 天；② 治疗。全池泼洒氯制剂，同时再内服下列任何一种药物：每 100 千克鱼每日用氟哌酸5～8克拌料，分上、下午 2 次投喂，连喂 3 天；每 100 千克鱼每日用土霉素 2～5 克拌料，分上、下午 2 次投喂，连喂 6～10 天，水产品上市前至少应有 30 天停药期；每 100 千克鱼每日用磺胺 2,6 -二甲氧嘧啶 2～20 克拌料，分上、下午 2 次投喂，连喂 3～6 天，水产品上市前至少应有 42 天停药期。

3. 赤皮病

又叫赤皮瘟、擦皮瘟、出血性腐败病。

【病原】荧光假单胞菌，属革兰氏阴性菌，适宜温度为 2～30℃，传染源是被污染的水体。本病是草鱼、青鱼、鲫鱼、团头鲂、鲤鱼等鱼种和成鱼阶段的主要鱼病之一，多数发生于 2～3 龄的成鱼。

【症状】病鱼症状明显，鱼体表局部或大部分出血发炎，鱼体两侧充血发炎，鳞片脱落呈现块状红斑，特别是鱼体两侧和腹部最明显。

鳍基部充血，鳍条末端腐烂，似一把破扇子。在鳞片脱落的地方往往有水霉生长。在草鱼常与烂鳃病、肠炎病并发。病鱼的肠道也充血发炎，有时鱼的上、下颚和鳃盖发炎充血。

【流行情况】本病流行广泛，并常与肠炎病、出血病并发。全国各养鱼区均有发生，无明显的发病季节，终年可见。荧光假单胞菌是一种条件致病菌，鱼体表完整无损时，病菌无法侵入鱼的皮肤，当鱼体受伤后，病菌乘机侵入感染而发病。在寒冬季节，鱼体皮肤也可能因冻伤而感染本病。

【防治方法】① 适时对鱼池进行清整消毒，在运输、拉网等操作过程中尽量避免鱼体受伤；② 发病季节全池泼洒生石灰，用漂白粉进行食场消毒；③ 全池泼洒 0.5～2 毫克/升的二氧化氯溶液或 4 毫克/升五倍子溶液，连用 2 天。或内服磺胺嘧啶，用量为 4 克/100 千克鱼，连用 5 天，首次用量加倍。

4. 草鱼出血病

【病原】呼肠弧病毒。

【症状】病鱼体色发暗，微带红色，有 3 种类型：① 红肌肉型，撕开病鱼的皮肤或对准阳光、灯光透视鱼体，可见皮下肌肉充血、全身充血和点状充血；② 红鳍红鳃盖型，病鱼鳍基、鳃盖充血，并伴有口腔充血；③ 肠炎型，病鱼肠道充血，常伴随松鳞、肌肉充血。由于本病症状复杂，容易与其他细菌性鱼病混淆，所以诊断时必须仔细观察病鱼体外和肠道等器官，以免误诊，首先，检查病鱼口腔、头部、鳍条基部有无充血现象，然后用镊子剥开皮肤观察肌肉是否有充血现象，最后解剖鱼体，观察肠道是否有充血症状。如果充血症状明显，或者有几种症状同时表现，可诊断为草鱼出血病。

【流行情况】草鱼出血病的流行季节为 5～9 月，其中 5～7 月主要危害 2 龄草鱼，8～9 月主要危害当年草鱼鱼种。

【防治方法】病毒可以通过水传播，患病的鱼和死鱼不断释放病毒，加上病毒的耐药性强，造成药物治疗的困难。目前比较有效的预防方法有以下几种：① 用灭活疫苗对草鱼进行腹腔注射免疫。当年鱼种注射时间是6月中下旬，当鱼种规格在 6 ～6.6 厘米时即可注射，

每尾注射疫苗 0.2 毫升,1 冬龄鱼种每尾注射 1 毫升左右。经注射免疫后的鱼种,其免疫保护力可达 14 个月以上。同时,还可用疫苗进行浸泡免疫;② 每 100 千克鱼每天用 0.5 千克刺槐子、0.5 千克苍生 2 号、0.5 千克食盐拌料投喂,连用 2 天;③ 在发病季节,每亩水面每米水深每次用 15 千克生石灰溶水全池泼洒,每隔 15～20 天泼洒 1 次,也有一定预防效果。

5. 鳃霉病

【病原】病原为鳃霉。国内发现的鳃霉有 2 种类型:寄生在草鱼鳃上的鳃霉,菌丝体比较粗直而少弯曲,通常是单枝延长生长,分枝很少,不进入血管和软骨,仅生长在鳃小片的组织上。另一种寄生于青鱼、鳙鱼、鲮鱼鳃上,菌丝常弯曲呈网状,较细而壁厚,分枝特别多,分枝沿鳃丝血管或穿入软骨生长,纵横交错,充满鳃丝和鳃小片。

【症状】感染急性型鳃霉病的病鱼,出现病情后几天内大量死亡,表现为鳃出血,部分鳃丝颜色苍白,鱼不摄食,游动缓慢。慢性型病鱼死亡率稍低,坏死的鳃丝部分腐烂脱落,鳃丝贫血,呈苍白色。鳃霉病必须借助显微镜确诊,剪少许腐烂的鳃丝,在显微镜下观察是否有鳃霉菌的菌丝。

【流行情况】现已发现鳃霉病的地区有广东、广西、湖南、湖北、浙江、江苏、上海和辽宁等地。草鱼、青鱼、鳙鱼、鲢鱼、鲤鱼、鲫鱼、鲮鱼等都可发生。鲮鱼鱼种对本病最为敏感,发病率可达 70%～80%甚至更高,且死亡率很高。每年 5～10 月为流行季节,尤以 5～7 月发病严重。鳃霉病的流行,除地理条件以外,池塘的水质状况是主要因素,一般都是水质恶化,特别是有机物含量很高,又脏又臭的池塘,最易流行鳃霉病。

【防治方法】① 经常保持池水新鲜清洁,适时加入新水,可以减少发病机会;② 鱼苗、鱼种培育池要用混合堆肥代替大草和粪肥直接沤水法,用生石灰清塘代替茶粕清塘,可以预防鳃霉病的发生;③ 发病鱼池立即冲注新水;④ 每立方米水体用 1 克漂白粉全池遍撒。

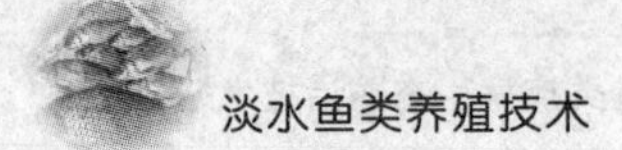

6. 打印病

又名腐皮病。本病是鲢鱼、鳙鱼常见的一种疾病，主要危害成鱼和亲鱼。

【病原】肠型嗜水气单胞菌和豚鼠气单胞菌。

【症状】发病部位主要在背鳍以后的躯干部分，其次是腹部两侧或近肛门两侧，少数发生在鱼体前部。由点状产气单胞菌侵入鱼体表，造成鱼体肌肉腐烂发炎。先是皮肤、肌肉发炎，出现红斑，后扩大呈圆形或椭圆形，边缘光滑，分界明显，似烙印，俗称“打印病”。随着病情的发展，鳞片脱落，皮肤、肌肉腐烂，甚至穿孔，可见到骨骼或内脏。病鱼身体瘦弱，游动缓慢，严重发病时，陆续死亡。

【流行特点】流行地域广，全国各地均有散在性流行，大批死亡的病例很少发生，但严重影响鱼类的生长、繁殖和商品价值。发病鱼池中感染率可达 80%以上，一年四季都有发生，但以夏秋季为流行高峰期。

【防治方法】① 在发病季节用 1 毫克/升漂白粉溶液全池泼洒消毒；② 用高锰酸钾溶液擦洗患处，每 500 毫升水用高锰酸钾 1 克。

7. 鳃隐鞭虫病

【病原】鞭毛虫纲的鳃隐鞭虫。

【症状】病鱼鳃部无明显症状，只表现黏液较多。当鳃隐鞭虫大量侵袭鱼鳃时，能破坏鳃丝上皮和产生凝血酶，使鳃小片血管堵塞，黏液增多，严重时可出现呼吸困难。病鱼不摄食，离群独游或靠近岸边水面，体色暗黑，鱼体消瘦，最终导致死亡。确诊需借助显微镜来检查。离开组织的虫体在玻璃片上不断扭动前进，波动膜的起伏摆动尤为明显。固着在鳃组织上的虫体不断地摆动，寄生多时，在高倍显微镜的视野下能发现几十个甚至上百个虫体。

【流行情况】鳃隐鞭虫对寄主无严格的选择性，池塘养殖鱼类均能感染。但能引起鱼患病和造成大量死亡的主要是草鱼苗种，尤其在草鱼苗阶段饲养密度大、规格小、体质弱，容易发生本病。每年 5～10 月流行，冬春季鳃隐鞭虫往往从草鱼鳃丝转移到鲢鱼、鳙鱼鳃耙上寄生，

但不能使鲢鱼、鳙鱼发病，因为鲢鱼、鳙鱼有天然免疫力。同时，成鱼对本虫也有抵抗力。

【防治方法】① 鱼种放养前用8毫克/升硫酸铜溶液洗浴20～30分钟；② 每立方米水体用0.7克硫酸铜和硫酸亚铁合剂（5∶2）全池泼洒。

8. 黏孢子虫病

【病原】多种黏孢子虫。我国淡水鱼中已发现黏孢子虫100余种，有些种类大量寄生于鱼体，引起严重的流行病。

【症状】异育银鲫被鲫碘泡虫侵入皮下组织，在头部后上方形成瘤状胞囊，随着病情发展胞囊渐大，影响其正常游动和摄食，日渐消瘦死亡。鲤鱼被野鲤碘泡虫侵袭鳃部形成许多灰白色点状胞囊，引起大量死亡。草鱼被饼形碘泡虫侵入肠道组织，形成大量胞囊，使肠道受阻，影响摄食，最后鱼体消瘦而死。鲢碘泡虫。侵入鲢鱼脑神经系统和感觉器官，破坏正常的生理活动，导致鱼在水面打圈狂蹿乱游，时沉时浮，最后抽搐死亡。

【流行情况】我国南北方地区均有发现，是一种严重的寄生虫病，在我国东部江淮流域和南方水产养殖发达地区发生比较普遍。

【防治方法】目前尚无有效的治疗方法，彻底清塘消毒在一定程度上可以抑制病原孢子的大量繁殖，减少本病发生。

9. 车轮虫病

【病原】病原为车轮虫寄生在鳃上的车轮虫有卵形车轮虫、微小车轮虫、球形车轮虫和眉溪小车轮虫。这类车轮虫的虫体都比较小，故将它们统称为小车轮虫。寄生在皮肤上的车轮虫有粗棘杜氏车轮虫、华杜氏车轮虫、东方车轮虫和显著车轮虫，这类车轮虫的虫体相对大些，故将它们统称为大车轮虫。

【症状】幼鱼和成鱼都可感染车轮虫，在鱼种阶段最为普遍。车轮虫常成群地聚集在鳃丝边缘或鳃丝的缝隙里，使鳃腐烂，严重影响鱼的呼吸功能，使鱼死亡。

【流行情况】车轮虫病是鱼苗、鱼种阶段危害较大的鱼病之一。草鱼、青鱼、鳙鱼、鲢鱼、鲤鱼、鲫鱼、鲮鱼、罗非鱼等均可感染，全国各地养殖场都有流行，特别是长江、西江流域各地区，在每年 5～8 月鱼苗、夏花鱼种常因本病而大批死亡，1 足龄以上的大鱼虽然也有寄生，但一般危害不大。本病在面积小、水浅和放养密度较大的水域最容易发生，尤其是经常用大草或粪肥沤水培育鱼苗、鱼种的池塘，水质一般比较脏，是车轮虫病发生的主要场所。

【防治方法】① 鱼种放养前用生石灰清塘消毒，用混合堆肥代替大草和粪肥直接沤水培育鱼苗、鱼种，可避免车轮虫的大量繁殖；② 当鱼苗体长达 2 厘米左右时，每立方米水体放苦楝树枝叶 15 千克，每隔 7～10 天换 1 次，可预防车轮虫病的发生；③ 每立方米水体用0.7 克硫酸铜和硫酸亚铁合剂(5∶2)全池泼洒，可有效地杀死鱼鳃上的车轮虫；④ 每亩水面每米水深用苦楝树枝叶 30 千克煮水，全池泼洒，可有效杀死车轮虫。

10. 指环虫病

【病原】病原为指环虫属中的许多种类。我国饲养鱼类中常见的指环虫有鳃片指环虫、鳙指环虫、鲢指环虫和环鳃指环虫等。虫体后端有固着盘，由 1 对大锚钩和 7 对边缘小钩组成，借此固着在鱼的鳃上。

【症状】大量指环虫寄生时，病鱼鳃丝黏液增多，鳃丝全部或部分呈苍白色，妨碍鱼的呼吸，有时可见大量虫体挤出鳃外。鳃部显著肿胀，鳃盖张开，病鱼游动缓慢，直至死亡。

【流行情况】指环虫病是一种常见的多发性鳃病。它主要以虫卵和幼虫传播，流行于春末夏初，大量寄生可使鱼苗、鱼种成批死亡。对鲢鱼、鳙鱼、草鱼危害最大。

【防治方法】① 鱼种放养前，用 20 毫克/升高锰酸钾溶液浸洗15～30 分钟，可杀死鱼种鳃上和体表寄生的指环虫；② 水温在 20～30℃时，用 90％晶体敌百虫全池遍撒，每立方米水体用药 0.2～0.5 克，效果较好；③ 每立方米水体用 2.5％敌百虫粉剂 1～2 克全池遍撒；④ 用 90％晶体敌百虫与面碱合剂全池遍撒，90％晶体敌百虫与面碱的比例为 1∶0.6，每立方米水体用合剂 0.1～0.24 克，效果很好。

11. 中华鳋病

【病原】病原为大中华鳋和鲢中华鳋。中华鳋雌雄异体，雌虫营寄生生活，雄虫营自由生活。大中华鳋的雌虫寄生在草鱼鳃上，鲢中华鳋寄生在鲢鱼鳃上。雌虫用大钩钩在鱼的鳃丝上，像挂着许多小蛆，所以中华鳋病又叫鳃蛆病。

【症状】中华鳋寄生在鱼的鳃上，除了它的大钩钩破鳃组织，夺取鱼的营养以外，还能分泌一种酶，刺激鳃组织，使组织增生，病鱼鳃丝末端肿胀发白、变形，严重时，整个鳃丝肿大发白，甚至溃烂，使鱼死亡。

【流行情况】本病主要危害 1 龄以上的草鱼、鲢鱼和鳙鱼，鱼被寄生后，鱼体消瘦，在水面表层打转或狂游，鱼的尾鳍露出水面，又称翘尾病。每年 5～9 月为流行盛期。

【防治方法】① 鱼种放养前，用硫酸铜和硫酸亚铁合剂(每立方米水体放硫酸铜 5 克，硫酸亚铁 2 克)浸洗鱼种 20～30 分钟，杀灭鱼体上的中华鳋幼虫。② 病鱼池用 90％晶体敌百虫遍撒，每立方米水体用药 0.5 克，可杀死中华鳋幼虫，减轻病情。

12. 小瓜虫病

又称白点病。

【病原】为多子小瓜虫，是一种体型比较大的纤毛虫。

【症状】鱼体感染初期，胸、背、尾鳍和体表皮肤均有白点分布，此时病鱼照常觅食活动，几天后白点布满全身，鱼体失去活动能力，常呈呆滞状浮于水面，游动迟钝，食欲不振，体质消瘦，皮肤伴有出血点，有时左右摆动，游泳逐渐失去平衡。病程一般为 5～10 天，传染速度极快，若治疗不及时，短时间内可造成大批死亡。

【流行情况】本病对鱼的种类、年龄无严格选择，小瓜虫的适宜生活水温为 15～25℃。本病多在初冬、春末和梅雨季节发生，尤其在缺乏光照、低温、缺乏活饵的情况下容易流行。

【防治方法】每亩水面每米水深用 0.5 千克辣椒粉或 2 千克鲜辣椒、0.5 千克生姜，加水 5 升，于锅中煮沸 10 分钟，兑水 15 升，全池泼

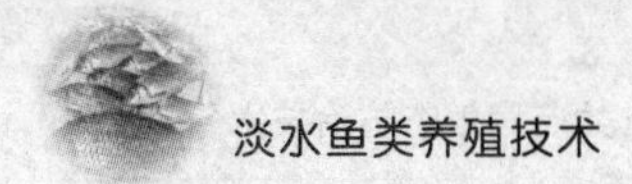

洒，连用 2 天，可治愈小瓜虫病。

13. 水霉病

又称肤霉病、白毛病。

【病原】为水霉科中的多种种类，我国常见水霉、绵霉两个属。

【症状】早期看不出什么异常症状，常出现病鱼与其他固体摩擦现象，当肉眼能看到时，菌丝已在鱼体伤口侵入。后期病鱼行动迟缓，食欲减退，最终死亡。菌丝同时向内外生长，向外生长的菌丝似灰白色棉絮状，故称白毛病。

【流行情况】水霉和绵霉是条件致病菌，对水生动物没有选择性，凡是受伤的均可感染，而没有受伤的一律不感染。在鲤鱼、鲫鱼孵化过程中，受低温诱发，水霉孢子能在鱼卵上萌发并穿过鱼卵，迅速蔓延，造成大批鱼卵死亡。

【防治方法】无理想的治疗方法，治疗所用药物不是价格太贵，就是禁用药物，防止灾害性气候和防止鱼体受伤是最为有效的防治办法。

14. 锚头鳋病

【病原】为多态锚头鳋、草鱼锚头鳋和鲤鱼锚头鳋。

【症状】大量寄生时，病鱼呈现不安，鱼体消瘦，急躁不安，甚至缓慢游于水面，体表有红斑，可看到寄生的锚头鳋，鱼不摄食，最后造成大量死亡。

【流行情况】全国流行，以两广和福建地区最为严重，淡水鱼各龄鱼都可受到危害，尤其以鱼种受害最大，主要流行于炎热天气。

【防治方法】① 鱼种放养前用 15 毫克/升高锰酸钾溶液浸洗 1.5 小时；② 全池泼洒 7 毫克/升 90％晶体敌百虫溶液以杀死锚头鳋幼虫，每隔 7 天使用 1 次，连用 3 次，商品鱼上市前至少要有 10 天的停药期；③ 在食场周围用松树枝扎成 5～6 捆沤水，或用松叶捣碎浸泡泼洒，用量为每亩水面每米水深用 10～15 千克。

15. 肝病

【病因】肝病是目前养殖鱼类中最常见的一种疾病，是由于使用受

细菌、病毒侵染的饲料，或由于饲料霉变，脂肪氧化较严重，产生的醛类物质损害鱼类肝组织，造成弥漫性脂肪变性，从而影响肝功能所导致的肝坏死，这类病变的肝脏往往呈黄色或黄褐色，又称黄脂病。

【症状】分为急性、亚急性、和慢性，病鱼游动不规则，失去平衡，体色加深，鳃丝充血，眼球突出。胆囊膨大呈深绿色，肝脏浊肿。肝组织有大片自溶性坏死，出现弥散性病变。

【发病情况】以鲤鱼和罗非鱼为多，其次是鲫鱼和草鱼等。

【防治方法】① 经常注入新水或更换池水，使鱼生长在良好的水环境中；② 保持饲料新鲜，防止饲料中蛋白质变质和脂肪氧化；③ 用颗粒饲料喂养草鱼、团头鲂时要适当饲喂鲜嫩草料。

16. 跑马病

【病因】常见于青鱼、草鱼、鲤鱼、鲫鱼、团头鲂等的鱼苗、夏花阶段，鲢鱼、鳙鱼少见。主要原因是鱼池内缺乏适口饵料，或池塘漏水，鱼苗、夏花长时间顶水所致。

【症状】鱼苗、夏花围绕池边成群狂游，驱散不开，呈跑马状。

【防治方法】① 放养密度要适当，不能过密，鱼池不能漏水；② 鱼苗放养 10 天后应投喂芜萍、豆渣等草鱼、团头鲂、青鱼的适口饲料；③ 用芦席隔断病鱼群游路线.并投喂豆渣、豆饼浆、米糠等鱼苗、夏花喜食的饲料。

17. 水肿病

【病因】常见于草鱼、鲤鱼、鲫鱼、团头鲂、鲮鱼等，病因主要是池水过肥，水质老化，水色多呈深绿色、灰暗色或深棕色。水中藻类和其他有机物含量高，溶解氧含量低，氨氮含量很高，使鱼体内的氨难以排泄所致。

【症状】病鱼主要表现体色加深，鳃片呈鲜红色或深红色，鳃丝出现增生，体表黏液增加，生长缓慢，渔民称为老头鱼，病鱼腹水多，胆囊膨大，肝脏呈棕色且易破碎。

【防治方法】① 经常加注新水或定期更换池水；② 加强池水消毒，或加入强力净化剂，每立方米水体用 40～120 克，去除池水中悬浮物和微生物；③ 用生石灰调节池水呈微碱性，降低水中氨的毒性；④ 经常清除鱼饵残渣，投喂新鲜饲料。

18. 三毛金藻中毒

【病因】常见于盐碱地和半咸性水域，一年四季都有发生，主要发生于春季、秋季和冬季。病因是三毛金藻大量繁殖，产生溶血毒素，引起鱼类中毒死亡。

【症状】中毒初期病鱼急躁不安，方向不定，之后趋于平静，反应逐渐迟钝，开始向背风浅水处集中，鱼体大量分泌黏液，鳍基部充血，鱼体后部体色变淡，随着中毒时间延长，鱼体麻痹。病鱼布满鱼池四角和浅水区，头朝岸边，排列整齐，很快失去平衡死去。整个中毒过程一直出现鱼类浮头。

【防治方法】① 定期向鱼池中泼洒铵盐类化肥，使水体中总氮稳定在0.25～1毫克/升；② 在pH为8左右、水温为20℃左右的发病池塘，早期全池泼洒20毫克/升硫酸铵或碳酸氢铵溶液。

（四）池塘施药时的注意事项

几种药物混合施用时要严格按操作规程进行，如漂白粉、硫酸铜、敌百虫都不能与生石灰同时使用，因为前两者遇生石灰会发生中和反应而失效或减弱疗效，敌百虫遇生石灰会变成敌敌畏，毒性增加10倍。又如大黄与氨水合用，药效可提高14倍。生产上要根据药物的不同特性，合理选配，避免产生毒副作用。

饲养鱼的发病率未超过5%时，一般不要采用药物全池泼洒的方法防治鱼病，可采用食场药物挂袋(篓)和食场附近水域局部投药来防治。饲养鱼的发病率高达10%不得不采用药物全池泼洒防治时，一定要准确测量水体体积，施药浓度按常量的下限或减量使用较为安全。用药后24小时内要有人看守，发现异常现象应立即大量冲水抢救。

施药时必须注意以下几点。

第一，水温在30℃以上时，不宜采用全池泼洒法施药。

第二，施药时要避开阳光直射的午间，宜在傍晚进行。

第三，鱼还在浮头或浮头刚结束时不宜施药。

第四，应先喂饲料后施药，不能颠倒顺序。

第五，药物应完全溶化后再泼洒，并从上风处泼向下风处，以增大均匀度。

第六，用硫酸铜杀灭湖靛时，只能在下风处集中洒药，不宜全池泼洒。洒药时间宜安排在下午进行，否则极易引起泛塘死鱼。

（五）禁用药物及其危害

1. 无公害养殖中禁用的药物

农业部禁用药清单共31种，要求在水产品中不得检出，其具体药物如下：地虫硫磷、六六六、林丹、毒杀芬、滴滴涕、甘汞、硝酸亚汞、醋酸汞、呋喃丹、杀虫脒、氟氯氰菊酯、双甲脒、速达肥、五氯酚钠、孔雀石绿、环丙沙星、酒石酸锑钾、磺胺噻唑、磺胺脒、呋喃西林、呋喃唑酮、呋喃那斯、红霉素、氯霉素、泰乐菌素、杆菌肽锌、阿伏帕星、喹乙醇、锥虫胂胺、己烯雌酚、甲基睾丸酮。需要指出的是，恩诺沙星在生物体内代谢过程中可产生环丙沙星，所以恩诺沙星在水产养殖上也是禁用的。

2. 禁用药物的危害

（1）细菌耐药性增加。目前渔用抗菌药物使用范围和剂量的日益扩大，细菌耐药性问题日趋严重。而且很多细菌已由单药耐药性发展为多重耐药性，细菌长期与药物接触，造成耐药性的产生，且耐药性不断增加，现已研究证实细菌的耐药性可以通过耐药质粒在人群、动物群和生态系统中的细菌间相互传递，导致致病菌产生耐药性。

（2）导致毒性损伤。药物残留可通过食物链长期富集而对人体造成一定程度的损伤。如硝酸亚汞、甘汞等制品对鱼类小瓜虫的治疗效果很好，但其在鱼体内易聚集、残留，当人摄入后可引起肾脏损伤，表现为肾变性和坏死，引起肾功能下降。一些抗生素的长期使用和滥用，在水产动物产品中的残留也会给人类造成一些潜在的危害。

（3）导致变态反应。经常使用磺胺类、四环素类、喹诺酮类药物很容易引起变态反应。当这些抗菌药物残留于水产动物产品中进入人体后，就使得敏感个体致敏，产生抗体。当这些被致敏的个体再次

接触这些抗生素时，在临床上轻者可表现为有瘙痒症状的荨麻疹、恶心呕吐、腹痛腹泻，重者表现为血压急剧下降、迅速引起过敏性休克，甚至死亡。如磺胺类药物可引起人类皮炎、血细胞减少、溶血性贫血和药物热等临床症状。

(4) 产生“三致”作用。即致癌、致畸、致突变作用。药物及环境中的化学药品可引起基因突变或染色体畸变而造成对人类的潜在危害。如水产品常用的促生长剂喹乙醇，现已证实有明显的蓄积毒性、遗传毒性和诱变性，长时间使用会在鱼体内残留，从而对人体健康造成潜在威胁。常用于治疗水霉病的药物孔雀石绿，是一种强致癌物。据报道，鱼体短期 1 次接触 0.0067%的孔雀石绿溶液，就可致细胞突变。长期使用硝基呋喃类药物(如呋喃唑酮、呋喃西林)除了会对肝脏、肾脏造成损伤外，同时具有致癌、致畸、致突变效应。常用消毒药二氯异氰尿酸钠、三氯异氰尿酸过去认为是安全、高效的消毒药，但近来研究证实，其在水体中的分解产物氰尿酸降解速度非常缓慢，且对人体有致癌作用。此外，常用杀虫剂敌百虫、促生长剂乙烯雌酚、砷制剂等都已证明具有致癌作用。

3. 水产品常用的几种禁用药物的危害及其替代药物

(1) 孔雀石绿。主治小瓜虫病，可防治水霉病，并且杀虫作用。其危害包括：① 致癌，引起受体细胞突变，而引起细胞癌变；② 致畸，可引起骨骼变形，而引起畸形；③ 使水生生物中毒。

替代药物：① 杀虫可用甲苯咪唑、左旋咪唑(内服)、溴氰菊酯(泼洒)替代；② 防治水霉病，可用 3%～5%食盐水浸泡 5～10 分钟或全池泼洒亚甲基蓝 2～3 毫克/升；③ 抗菌，可泼洒氯制剂或溴制剂。

(2) 氯霉素(盐、酯及制剂)。有广谱抗菌作用，对革兰氏阴性、阳性细菌均有抑制作用，抗菌作用较强，能防治烂鳃病、赤皮病等。其危害包括：① 抑制骨髓造血功能，引起粒细胞缺乏症、再生障碍性贫血。前者是可逆的，停药后可以恢复，后者是不可逆的，难以恢复；② 大量使用氯霉素可引起肠道菌群失调，可能导致消化功能紊乱，从而引起消化吸收不良；③ 氯霉素有免疫抑制作用，抑制抗体的形成，防疫期间严禁使用；④ 氯霉素还能抑制肝药酶，影响其他药物在肝脏的代

谢,使药效延长或缩短,使毒性增强或减弱。

替代药物:① 外用泼洒,可用溴制剂或氯制剂代替;② 内服可用复方磺胺类、四环素类、喹诺酮类、甲砜霉素、氟苯尼考等代替。

(3) 红霉素、泰乐菌群。这两种抗生素属大环内酯类抗微生物药物,呈碱性,对革兰氏阳性菌作用较强,对嗜水气单胞菌敏感,常用来治疗水产动物细菌性烂鳃病。其危害是:由于水产动物吃了此类药物,体内残留较多,也会产生大量耐药菌。

替代药物:氟苯尼考、甲砜霉素等。

(4) 硝基呋喃类药物。本类药物是人工合成的光谱抗菌药物,对大多数革兰氏阴性和阳性细菌、某些真菌、原虫均有抑制作用,常用呋喃唑酮(痢特灵),偶尔使用呋喃妥因、呋喃西林。其危害是可引起溶血性贫血、多发性神经炎、急性肝坏死和眼部损害。

替代药物:① 泼洒,可用氯制剂、溴制剂代替;② 内服,可用氟哌酸(诺氟沙星)、新霉素(弗氏霉素)、复方新诺明(复方磺胺甲基异噁唑)代替。

(5) 环丙沙星(环丙氟哌酸)。为第三代喹诺酮类光谱抗菌药物,对革兰氏阴性菌和革兰氏阳性菌均有较强作用,是目前临床应用的氟喹诺酮类中抗菌活性最强的品种,可治疗烂鳃病、赤皮病等细菌性感染病。环丙沙星是人专用的药物,畜、禽、水产动物不得使用。

替代药物:可用动物专用的恩诺沙星(乙基环丙沙星)、单诺沙星替代。

(6) 汞制剂。包括硝酸亚汞、醋酸亚汞、氯化亚汞、甘汞(二氧化汞)、吡啶基醋酸汞等,主要使用硝酸亚汞、醋酸亚汞用来治疗小瓜虫病。其危害包括:① 汞制剂易富集,主要集中在肾脏,其次是肝脏和脑。汞主要经肾脏随尿液排出,对肾脏损害严重,发病者出现蛋白尿、血尿、肝脏肿大充血等症状;② 出现消化道炎症,粪便带黏液甚至脓血和坏死性肠黏膜;③ 出现神经症状,发病者先沉郁,后敏感性升高。

替代药物:① 40%甲醛溶液,泼洒 15～25 毫克/升,隔日 1 次,连用 2～3 次;② 亚甲基蓝,2 毫克/升,连用 2～3 次。

(7) 喹乙醇。具有抗菌作用和促生长作用,能起到类似激素的作用。其危害包括：① 喹乙醇具有富集作用，肌体排出喹乙醇时间长，在鱼苗时喂了喹乙醇，在成鱼时其副作用还存在；② 鱼类抗应激能力差，不耐拉网、运输，死亡率高，鱼体易受伤出血；③ 肌体含水率高，运输时排出废物多，对水环境污染大，容易造成死鱼。

替代药物：① 中草药促生长剂；② 黄霉素有明显的促生长作用，但也会出现抗应激能力下降，但不太严重，鱼出售前15天停药。

(8) 激素类药物。包括甲基睾丸素（甲基睾丸酮）、丙酸睾酮、乙烯雌酚、雌二醇等，本类药物可促进鱼体内氨基酸、糖等合成蛋白质，抑制体内蛋白质分解，推迟雌、雄性成熟时间，出现雌、雄外观逆转。其危害包括：① 激素在鱼体内残留，对吃鱼的人产生严重的危害，出现性早熟、女性出现男性特征或男性出现女性特征等；② 大剂量使用后，肝脏易出现损伤，性周期停止或紊乱。

替代药物：中草药类、黄霉素、甜菜碱、肉碱（肉毒碱、L-肉碱）等。